核电厂
总平面设计工程
数字化应用

HEDIANCHANG
ZONGPINGMIAN SHEJI GONGCHENG
SHUZIHUA YINGYONG

付 鹏 编著

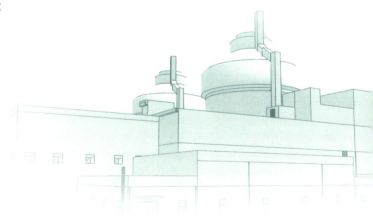

中国电力出版社
CHINA ELECTRIC POWER PRESS

内 容 提 要

本书系统介绍了核电站工程总平面设计数字化技术应用的实践和思考,其中数字化技术涉及领域广泛,包括测绘、计算机、城市规划等行业领域的卫星遥感(RS)技术、建筑信息模型(BIM)技术、实景三维技术、数据库技术、地理信息系统(GIS)技术等,内容涵盖数字化技术相关的基本概念和知识,数字化技术应用案例等,并分析应用现状及发展方向,介绍常见相关软件平台的基本操作知识、发展历史以及应用开发过程等内容,突出实用性,每章均介绍实际应用案例及其心得。本书包括六章,主要内容包括核电厂区总平面设计、遥感影像技术应用、三维建模技术应用、工程数据相关应用、地理信息系统应用、厂区工程数字化项目实践等。

本书可作为核电站工程总图设计及其管理人员、各类工业厂区工程总图设计及其管理人员开展数字化工作的参考书,亦可作为广大技术人员、BIM 和 GIS 的研究人员了解各种数字化基础知识的参考书。

图书在版编目(CIP)数据

核电厂总平面设计工程数字化应用 / 付鹏编著 .
北京:中国电力出版社,2024. 10. -- ISBN 978-7-
5198-9314-9

Ⅰ. TM623.1

中国国家版本馆 CIP 数据核字第 20240SB705 号

出版发行:中国电力出版社
地　　址:北京市东城区北京站西街 19 号(邮政编码 100005)
网　　址:http://www.cepp.sgcc.com.cn
责任编辑:冯宁宁(010-63412537)
责任校对:黄　蓓　王小鹏
装帧设计:王英磊
责任印制:吴　迪

印　　刷:北京锦鸿盛世印刷科技有限公司
版　　次:2024 年 10 月第一版
印　　次:2024 年 10 月北京第一次印刷
开　　本:710 毫米 ×1000 毫米　16 开本
印　　张:12.5
字　　数:182 千字
定　　价:98.00 元

前　言

PREFACE

本书结合核电站选址、总体规划、总平面布置、管线综合和场地平整等总平面设计工作特点，从设计、施工、运维等环节入手，介绍了工程数字化相关的基础技术知识和技术应用实践，其中涉及卫星遥感（RS）技术、建筑信息模型（BIM）技术、实景三维技术、数据库技术、地理信息系统（GIS）技术等，最后结合实际工程数字化案例详细阐述技术应用的过程和想法。

第一章主要介绍核电站总平面设计工作的主要内容。

第二章主要介绍遥感影像技术基础知识及其在核电站选址和总体规划中的应用，并进一步描述对总平面布置工作的技术支持。遥感影像目前在核电站总平面设计工作中应用较少，设计人员还不能深度挖掘影像数据的真正价值，只有认识清楚遥感影像才能将总图设计的内容与遥感影像良好融合，使其发挥出更大的作用，开展更多的专业分析。

第三章主要介绍 BIM 和三维建模技术的基础知识及其在总平面布置和场地平整工作中的应用。总图专业设计对象多样化，包括建构筑物和道路场地等各种室外设施，设计范围跨度大，涉及宏观地理范围以及厂区局部区域，可以结合专业自身特殊性，不同阶段使用不同的软件平台，从粗略到精细，从符号到模型逐步建立和完善厂区整体三维模型。

第四章主要介绍总平面设计中工程数据相关工作及其应用展望。工程数据是数字化工作开展的重要基础，数据的积累来自工程开展的全过程，从工程设计、施工、运维全过程要形成数据的生产、梳理以及结构化管理的习惯，培养数字化的工作模式。

第五章主要系统介绍了 GIS 技术相关知识及其在核电站运维中的应用，分阶段阐述 GIS 技术在总平面设计中的应用现状和发展趋势。GIS 技术以其可以存储、处理、管理海量异构数据的特点，成为核电厂区业主在运维阶段数字化运维的主要手段，遥感影像技术应用、BIM、三维实景建模以及数据库表格都可以导入 GIS 平台，形成一个平台、一个数据库管理所有厂区室外工程设施的工作模式。

第六章主要通过厂区工程实际案例综合介绍 GIS、遥感、BIM、实景三维和数据库等数字化技术在核电站工程项目中的实践。

本书由上海核工程研究设计院股份有限公司付鹏编著。本书在编写过程中，得到单位同事和领导的很大帮助，在此衷心感谢，同时书中还参考、引用了国内外许多专家、同行出版的图书和相关资料，在此一并致谢，最后感谢姚遥各方面的支持，使得本书得以顺利出版。

由于作者水平有限，加之新概念、新技术、新应用的不断涌现，书中难免存在疏漏和不妥之处，欢迎广大同行专家、读者不吝批评指正。

编　者

2024 年 7 月

目　录

CONTENTS

第一章

核电厂区总平面设计

核电站是指将核能转换为电能的设施，主要指核燃料在核反应堆中产生热量，将水加热成水蒸气，然后通过水蒸气推动汽轮机进行发电的整个过程。为了完成上述整个生产过程，需要在核电站所在地理位置设计和建造核岛和常规岛主厂房以及配套的各类辅助设施，而核电站厂区总平面设计的主要任务就是研究如何规划和布置上述建构筑物及其相关的道路设施、室外管线设施等。场地平整工程设计是核电站总平面布置图的重要组成部分，主要任务是完成厂址所在范围的场地平整和场地周边设施的规划和布置。

第一节　核电厂区总平面设计概述

核电厂区总平面设计工作主要内容包括选定核电厂址地理位置后，对厂区及其周边核电站相关设施进行总体规划，确定核电站总体规划格局后，开始对厂区各建构筑物进行详细布置，对厂区各建构筑物及室外工程设施的平面位置及竖向布置进行统筹安排，这里室外工程设施包括了各类道路广场、室外管线管沟和廊道等工程设施。

第二节　核电厂址总体规划

核电厂址总体规划是指根据电厂建设规模和各类自然、社会条件，对电厂交通运输、厂区方位、水源、供排水管线、电力进出线、施工场地以及防排洪、环境保护等方面进行综合规划。核电站总体规划是以核电站厂址总体布置最优为目标的系统工程。

一、　总体规划原则和内容

（1）应满足规划容量和分期建设的要求。核电站的规划容量是核电站建设的重要依据，决定了核电站的建设规模，也就是建造多少子项，占多大用地等，建设规模一旦确定，就可以固化厂址范围内的建构筑物等设施的数量，总体规划工作才可以以此为依据开展。其中大型工程可能会分期建设，总体规划时需要分期分阶段开展。

（2）满足厂址所在区域的环境相容性要求。在选定厂址位置后，需要核实核电站建设和运行活动与周边环境的相容性，即上述活动是否满足环境的承载力，一般会通过非居住区范围和规划限制区范围进行控制。为限制事故风险，核电站周围设置非居住的区域，区域内严禁有常住居民，非居住区的半径（以核岛厂房的反应堆为中心）一般不小于 0.5km。另外，规划限制区是指由省级人民政府确认的与非居住区直接相邻的区域，规划限制区内必须限制人口的机械增长，对该区域内的新建和扩建的项目应加以引导或限制，以考虑事故应急状态下采取适当防护措施的可能性，规划限制区的半径（以核岛厂房的反应堆为中心）一般不小于 5km。

（3）满足厂址周边生态红线、自然保护区等城镇规划体系要求。厂址在总体规划时要避开各类生态红线和自然保护区等，不能占用基本农田，并满足周边城镇规划等相关的上位规划要求。

（4）满足厂区主厂房安全稳定要求。核电站的核岛主厂房等核安全相关厂房是整个核电站的"定海神针"，必须根据厂区所在区域的地下地质基岩分布情况，将核岛主厂房等核安全相关厂房规划布置在均匀稳定、承载力满足要求的基岩范围内，然后再围绕核岛主厂房规划布置其他常规岛主厂房以及各类辅助建构筑物，最终确定整个厂区的方位和整体布局。

（5）满足交通运输规划要求。核电站在建造安装、建成运行以及应急疏散过程中有大量的人员、工程物料和大（重）型设备需要进出厂区，所以要结合厂址周边的交通现状，包括已有的城镇村交通设施，规划新建道路交通系统，连通厂区与周边现状交通设施，一般会结合厂址自然社会条件和大件运输等因素，规划设置进厂道路、应急道路、大件码头等设施。

（6）满足厂区取排水要求。核电站厂区无论是施工建造还是建成后运行，考虑到施工、消防、生活、生产、冷却等用水要求，均需要结合厂区周边的河、湖、海洋以及水库等选定水源，确定水源满足使用要求后，还需要敷设取水管线设施，将水输送至厂内进行处理和使用。厂区在施工生产过程中会产生排水需求，如有组织收集的雨水，经处理排放达标的废水，完成降温的排水等，需要规划各类排放口的位置，将上述排水排出厂外。

（7）满足厂区电力进出线要求。核电站在施工建造和运行阶段都需要考虑厂外电源和厂内自备电源，以满足厂区内各类用电的需要，同时，根据核电站的负荷中心和厂址地区的区域电网条件确定联网方案，将电厂生产的电力通过高压线设施输送至厂外电网。

（8）满足厂外环境监测要求。核电站运行过程中需要持续不断地对电厂进行各类辐射监测、气象监测，所以需要在厂区周边一定范围之外规划设置环境监测站和气象站等设施，厂外的环境监测设施也是厂址的有机组成，需要在总体规划时合理规划位置。

二、 总体规划工作对象

核电站的总体规划工作对象主要侧重宏观层面，因为总体规划本身就是对工程项目总体性的全面规划，本阶段主要规划设施的空间位置和方向、路径等，同时从宏观角度对可行性进行论证，为下个阶段详细的总平面布置和工程设计提供设计依据。

（1）核电站厂区：固化主厂房及辅助生产设施总体布置格局，形成厂区总平面布置方案，确定厂区用地边界和整体方位等。

（2）厂外交通设施：确定进厂道路和应急道路的位置和路径，根据水运线路规划大件码头位置，厂外大件运输通道等交通设施。

（3）厂外取排水设施：确定水源地、取水口和排水口设施及其管线敷设路径。

（4）厂外电力进出线设施：根据厂外电源及其电力线路规划路径，确定厂区高压线走廊出线规划路径和方位等。

（5）厂区周边防洪排涝设施。

（6）施工临建区规划：施工功能区规划和生产生活区规划等。

（7）取土场、弃土场位置规划（如有）。

（8）厂外其他设施规划：包括厂外职工生活区、气象站、环境监测站等设施。

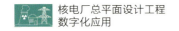
（9）厂址技术经济指标统计。

三、 总体规划工作流程

（1）基础资料收集：总体规划阶段工作的宏观性、综合性和政策性很强，涉及方方面面的事项，所以需要充分收集大量自然、社会基础资料，取得大量基础性数据，才能规划好，论证充分。

（2）纸上作业：这里纸上作业主要指以收集到的厂址所在位置的地形图为底图，进行初步的总体规划。

地形图是总体规划设计的基础资料，在进行总体规划设计前需收集1∶5000、1∶50000 等比例的地形图，作为总体规划设计的底图。工程设计和建造是对现有原始地形的改造过程，所以设计人员要首先学会地形图识图，学习基本的地形图常识，这样才能在图上选点阶段有的放矢，现场踏勘时将地形图与现场实际情况一一对应，多看多记，这样才能将抽象的地形图与工程实际环境紧密联系在一起，使新设计的内容与原始地物充分衔接、融合。

（3）现场踏勘：这个阶段一定要带上经过梳理的地形图，到项目现场进行对照辨识，使设计人员对厂址位置环境有全方位的认识，包括很多地形图上未能体现的当地基本情况也要记录。

（4）完成厂区总平面布置方案规划：根据工艺、建筑等各种设计输入确定主厂房及辅助生产设施总体布置格局，形成总平面布置方案，在此基础上初步确定厂区用地范围边界。

（5）规划厂外设施：围绕相对固化的总平面布置图，依据各类基础资料，规划厂外道路交通设施、厂外取排水和电力进出线等相关设施、防洪排涝设施、取/弃土场、施工生产/生活设施等。

（6）完成厂址总体规划方案：上述各个步骤其实是反复迭代，排除不利影响的过程，包括厂区总平面布置在这个过程中也会随着外部条件的变化不断调整完善，最终形成整体最优的规划方案。

（7）技术经济指标：最后对各项要求的指标进行统计，体现在总体规划图中。

第三节　核电厂区总平面布置

一、 总平面布置原则

（1）符合上位规划：厂区总平面布置应满足上一阶段厂址总体规划要求。

（2）符合核安全要求：核岛主厂房地基适宜性，安全重要建构筑物应尽可能避开汽轮机飞射物的影响区；大型自然通风冷却塔和高边坡应远离核岛厂房和核安全设施。

（3）满足生产工艺流程要求：应满足生产流程和物料运输的要求，如循环冷却水供排水系统（如循环水泵房和冷却塔）应尽可能靠近汽机房布置，以缩短循环冷却水管线长度和降低运行费用；如电力进出线设施，要合理布置汽轮发电机厂房、主变压器和开关站三者之间的平面位置，应尽可能使主变区与开关站之间的连线短捷，并为采用架空线创造条件。

（4）坚持节约用地：在满足安全、防火、卫生、环保、生产、运输、管网布置和施工检修等要求的前提下，总平面应适度紧凑布置，符合《电力工程项目建设用地指标（火电厂、核电厂、变电站和换流站）》的要求。

（5）功能分区合理：在满足生产流程的前提下注意功能分区，包括合理规划放射性厂房和非放射性厂房的位置，尽可能使放射性厂房布置在非放射性厂房的下风向，并尽可能使运输放射性废物的道路与厂区主要道路分开布置。

（6）场地平整设计合理：充分利用地形条件，尽可能使土石方工程量既小又平衡，以降低造价和缩短工期，同时，尽量避免高挖方边坡和高填方边坡。

（7）厂区竖向设计合理：厂区场地的设计标高应适宜，既满足核安全要求，又合理降低汽轮机厂房的标高以降低运行费用。

（8）道路交通布置合理：道路布置应短捷，人车分流，以满足货运、人行、各类运输（如大件设备、大型模块和乏燃料）、消防、应急撤离和安全等要求。

（9）满足分期建设的要求：近期工程宜集中布置，以形成完整的生产体系，并为后期工程的扩建留好发展余地，同时，尽可能减少后期工程施工对前期工程运行的影响，应力求一期工程最合理和最省，二期工程合理，三期工程可行。

（10）合理规划易燃易爆设施：生产过程中有易燃和爆炸危险的建构筑物以及贮存易燃、可燃材料的仓库等，宜布置在厂区的边缘地带。

二、 总平面布置主要依据

1. 原始地形图

总平面设计的一个重要设计输入就是原始地形图，一般由测绘专业提供。地形图指按一定的比例尺描绘地物和地貌的正射投影图，地物是指地表面的固定性物体，如建构筑物房屋、道路、森林、水系等；地貌是指地表面高低起伏的形态，如山地、丘陵和平原等，地物和地貌总称为地形。地貌在地形图上主要用等高线来表示，等高线是地面上高程相同的相邻点所连成的一个闭合曲线。地形图等高线如图 1-1 所示。

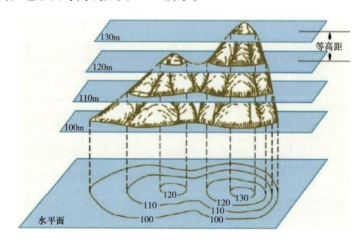

图 1-1　地形图等高线

总平面设计人员首先要能读懂地形图，了解图上各种图式符号所代表的意义，能看懂各类地物和地貌的特征，进一步可以量算各类距离和面积，统计基本的用地面积；计算坡度坡向，为建构筑物布置时提供基础数据，还可以一定坡度进行道路选线，计算汇水面积等；根据等高线和高程点数据，计算土石方挖填量。

本阶段主要开展总平面布置工作，相比上一阶段总体规划布置工作，对地形图的使用也不断地深化和细化，对地形要素的认知要求更高，因为新设计各类物项（如边坡、挡墙等设施）需要与厂区周边地形无缝衔接和过渡，也需要详细研究厂区新增的建构筑物与厂外的各类地物的相互影响，如厂区噪声对周边居民的影响等。在学习地形知识过程中，一般参考《国家基本比例尺地图图式　第 1 部分：1∶500、1∶1000、1∶2000地形图图式》（GB/T 20257.1—2017）等规范认识和学习地形图上的地形变化和地物分布。这个阶段常见问题就是不仔细研究地形图，厂区周边与原始地形衔接不准确等，导致设计需要根据现场实际情况反复调整，浪费人力和时间。

2. 主要生产工艺流程

总体上，核电站的主要生产工艺流程包括各类辅助系统如冷却水系统、除盐水系统、气体系统、厂用水系统等，还有常规岛相关的蒸汽系统、循环水系统、加药系统等，还有电力系统如主交流电系统、备用电源系统等等，涉及主厂房冷却剂系统及其辅助系统、常规岛相关系统、厂用电系统、各类排水系统、消防系统、实物保护系统、仪表控制系统、暖通系统等大小约110多个系统。这些系统反映了核电站运行的基本原理，为了利用这些系统在现实中能够顺利发电，要通过采购各类管道设施、设备和材料，然后设计和建造各类容纳这些设施的建构筑物，同时，通过对建构筑物平面和竖向两个维度的总体规划和布置，使上述生产工艺流程经济合理的运行起来，达到需要的生产目标。

所以，厂区总平面布置的对象是厂区的各类建构筑物设施，它们之间主要的关系就是生产工艺流程，厂区的主要生产工艺流程是布置厂区总平面的核心依据，也是厂区正常生产的重要保证，下面列举几条典型的生产工艺流程。

（1）厂用水系统。厂用水系统主要负责把设备冷却水系统热交换器收集的热负荷输送到热阱，以鼓风式机械通风冷却塔工艺流程为例，机械通风冷却塔可以将厂用水中热量消散在大气中，经冷却后的厂用水进入冷却塔集水池，集水池中的水经流道自流入吸水池，厂用水泵房的厂用水泵从冷却塔水池吸水，经加压后通过厂区管道送入设备冷却水系统热交换器进行热交换，然后借余压进入机械通风冷却塔进行再次冷却，如此循环往复。

（2）循环水系统。核电站在生产运行过程中，很多部位都需要不断地冷却，其中汽机厂房的凝汽器是汽轮机工作的重要环节，以二次循环冷却方式为例，汽机厂房的凝汽器将热量通过热交换传递给循环冷却排水，排水由压力回水管道输送回自然通风冷却塔的中央竖井，经过喷淋、自然通风冷却后回到冷却塔高位集水槽，冷却水由冷却塔高位集水槽自流至循环水泵房的前池，然后通过泵房升压，通过压力进水管再次回到汽机厂房的凝汽器，完成一次循环全过程。

以直流冷却为例，主要流程为取水设施（取水明渠等）、循环水泵房、汽机厂房凝汽器、虹吸井、排水设施（排水口等）。

（3）电力进出线。核电站汽机厂房的主发电机通过主升压变压器，向厂区 500kV 开关站供电，然后经过 500kV 开关站向厂外国家电网供电。当主发电机不可用时，将由厂外 500kV 优先电源通过主升压变压器和辅助变压器向厂内供电，以保证厂区正常用电。同时，设置 220kV 厂外备用电源、各种柴油发电机组、厂内移动电源车等设施保障厂区用电可靠性。

（4）气体系统。电厂主厂房相关系统由于设备生产、保养等需要，设置了各类气体系统，如氮气子系统为电厂相关系统提供低压氮气用于设备的吹扫、覆盖或停堆期间的保养；提供高压氮气用于非能动堆芯冷却系统中安注箱的加压；高压氢气子系统（含高压氢气瓶和升压站两部分）为化学和容积控制系统提供高压氢气，去除反应堆冷却剂系统中的溶解氧等，所以，在厂区布置时要关注气体厂房、高压氢气站等建构筑物靠近核岛主厂房布置，缩短管线敷设路径，保障管道运行安全。

一般情况下设计人员开展总平面设计工作，主要考虑几个主要的生产工艺，如取排水和进出线等，往往缺乏对厂区总平面设计相关的工艺系统的全面认识，没有形成生产工艺网络，故常常考虑不周全，使一些子项布置不合理。

3. 建构筑物设计资料

厂区总平面布置的核心对象是各类建构筑物，各个建构筑物之间的生产工艺联系主要体现在建构筑物的空间排布（平面和竖向上的位置），并通过连接管线输送各类介质，通过道路交通系统运输各类设备、生产材料等。

完成上述工作需要对各个建构筑物做充分的了解，熟悉各个建构筑物的空间几何外形（平、立、剖面图），更要熟悉各个建构筑物的工程相关信息，这是做好总平面布置设计的基础性工作，很重要，具体工程相关信息简要列举见表1-1。

表1-1 建构筑物工程信息一栏表

子项编码	子项名称	子项规模	功能描述及工艺要求	抗震设防烈度	设计使用年限（年）	生产性质	占地面积（m²）	总建筑面积（m²）	层数	建筑高度	火灾危险性	耐火等级	设计单位	施工单位

4. 各类规范依据

满足厂区消防、安全、应急、卫生等各类规范和标准要求。

三、 总平面布置过程

厂区总平面布置是从宏观到微观、从整体到局部的过程，是不断调整，逐渐优化完善的过程，布置流程如下：

（1）主厂房区规划布置。根据地质资料确定主厂房所在区域的基岩分布范围，将核岛厂房设施（主要含反应堆厂房、辅助厂房、附属厂房和放射性废物厂房）布置于地基岩土性质均匀、地基岩土参数相适宜的地段。主厂房常见布置形式有并列式、串联式以及混合式等形式。

（2）围绕核电站主厂房布置其他设施，形成厂区总平面布置方案。确定核岛厂房、常规岛厂房建筑群位置后，围绕主厂房设施布置其他辅助生产设施

（气体类设施、厂址废物处理设施、循环冷却水设施、厂用水设施、水处理设施、辅助锅炉房、仓储检修类设施、实物保护设施和安全保障子项），其他生产运行管理设施（实物保护设施、厂前区、武警营房、消防站、应急指挥中心、培训宣传展览和生活服务类子项），同时考虑施工建造等活动对用地的需要。

在总平面布置方案布置过程中，关注以下几点：首先，总平面布置工作要对接厂址总体规划，厂区取排水口、厂区出入口、电力出线方位等均要和总体规划工作保持一致；其次，厂区总平面布置要依据各项总平面布置原则，围绕主厂房规划各个功能区（主厂房区、仓储检修区、开关站区、水处理区、放射性废物处理设施区以及厂前区等）的方位，从总体层面确定厂区格局；最后再进一步依据用地指标、消防间距、工艺联系等因素，详细地布置各个区域地块，形成最终详细的厂区总平面布置方案。

（3）根据总平面布置方案开展场地平整设计，完善厂区周围边坡等设施。场地平整主要开展土石方计算，确定厂区建设的场地范围，同时开展场地周围边坡、挡墙、截洪沟、围栏等设施布置，是厂区总平面布置的重要组成部分，在场平过程中形成的构筑物是对厂区总平面方案的完善、补充和细化。经过这个阶段的工作，可以最终确定厂区用地红线范围。

（4）通过厂区室外管线综合和厂区道路交通的规划布置，对厂区总平面布置进行持续的细化（如补充完善各类室外设备设施等）和优化，优化是厂区总平面设计永恒的主题。

首先，厂区总平面布置图是各专业开展室外管线管沟设计的底图，随着厂区室外管线设计的细化，可能会反馈对总平面布置图进行修改；其次，厂区各类建构筑物、道路、广场、景观等室外工程是总平面布置图的一部分，会随着室外工程设计的深入不断补充进总平面布置图中。

（5）厂区建构筑物的实施。在最终全部或局部固化的总平面布置图上，配合现场建构筑物设施的施工建造，对建构筑物设施、道路交通设施、室外管线设施等进行详细定位（平面和竖向），以便上述设施施工建造。施工阶段的成果会以竣工图形式持续录入厂区总平面布置图，最终形成竣工版的总平面布置图。

第四节　核电厂区室外管线综合

一、　室外管线综合概述

根据核电站生产工艺管线相关资料，结合规划容量、总平面布置、竖向布置、交通运输、绿化景观、管线特性、施工维修等基本要求，对厂区室外所有管线、管沟、廊道等设施进行统一规划，确定厂区室外管线的走向和位置，协调管线之间、管线与建构筑物、道路等室外设施之间的关系，最终使厂区室外管线及其设施在平面与竖向布置上协调紧凑、安全合理、整洁有序。

核电厂区室外管线涉及专业多，综合性强，且大部分属于地下隐蔽工程，所以厂区室外管线综合工作是厂区总平面设计后期的重要任务，同时也是核电站建成后运行维护时，重点关注的物项。

厂区室外管线、廊道、管沟等设施的规划和布置是随着厂区总平面建构筑物布置一起开展的，管线综合工作的开展会不断反馈和更新厂区室外建构筑物的布置，完善和细化总平面布置图，两者之间相互影响，所以，厂区室外管线综合是厂区总平面设计不可或缺的一部分。

二、　厂区室外管线综合原则

核电站厂区室外管线综合过程中，各专业管线及设施之间可能存在碰撞和冲突，一般遵循一定的避让原则进行协调，目的是为了节省工程造价，方便施工检修和管理运维等。

一般情况下各专业管线的避让遵循以下原则：

（1）非安全级的应让安全级的。

（2）无放射性的应让有放射性的：如给水管避让低放废液管沟。

（3）压力流管线应让重力流管线：如给水管线避让雨污水管线。

（4）易弯曲的应让不易弯曲的：如给水管线避让暖通管沟。

（5）工程量小的应让工程量大的：如电缆沟避让综合廊道。

（6）管径小的应让管径大的：如 DN100 的避让 DN1000 的管线。

（7）施工检修方便的应让施工检修不方便的：如直埋电缆管线避让电缆沟。

（8）新设计的应让现有的。

（9）临时的应让永久的。

（10）无防冻要求的应让有防冻要求的。

三、 厂区室外管线分类

厂区管线设施种类繁多，主要包括厂用水管线、循环水管线、各类电力进出线、各类管廊管沟，还有各类生产工艺相关的气体管线、次氯酸钠管、加氯车间排水管、除盐水管等设施以及消防给水管、生产给水管、生活给水管、生产废水管、生活污水管、雨水管等，另外北方厂址考虑到自身或者周边城镇的采暖等需求，一般设置管线供应热水或者蒸汽等，详细介绍如下：

（1）厂用水管线。主要分为进水管道和排水管线，进水管线连接核辅助厂房和重要厂用水泵房，一般通过廊道形式敷设，主要负责设备冷却水的冷却，排水管线从核辅助厂房排至虹吸井，并排至厂外水体（或二次循环的冷却塔水池）。

（2）循环冷却水管线和沟道。主要包括循环水进水管和排水管（沟），循环水进水管连接循环水泵房和汽轮发电机厂房，主要功能是为汽轮机凝汽器提供冷却水，排水管（沟）连接汽轮发电机厂房和虹吸井（或二次循环的冷却塔水池），并排至厂外水体。

（3）电力进出线。核电站生产的电力主要从汽机厂房的主发电机通过主升压变压器，向厂区 500kV 开关站送电，一般采用电力架空线或专项廊道的形式进行敷设；为了保证厂区用电可靠性，核电站厂外 220kV 备用电源接入厂区 220kV 辅助开关站后，通过 220kV 电缆沟连接辅助变压器区域等。

（4）气体管线。考虑到主要生产工艺要求，氮气管线主要从氮气站敷设至主厂房各用户，供吹扫、覆盖或停堆期间的保养等使用；低压氮气加压后变为高压氦气，通过管线敷设至安注箱加压使用；考虑反应堆冷却剂系统需要，一般从厂外采购或者自制氢气，然后通过加压成为高压氢气，通过管线敷设至核岛主厂房；其他根据厂区生产需要，还有二氧化碳管线、压缩空气等气体通过直埋方式，从气源供往各用户。

（5）废液管线。根据核电站生产工艺特点，从核辅助厂房、各种废物处理厂房等建构筑物产生的废液通过密闭管沟形式被输送至处理厂房或者虹吸井进行处理。

（6）次氯酸钠管线。次氯酸钠管线主要从加氯车间连接到循环水泵房前池，一般采用管沟敷设。

（7）加氯车间排水管线。加氯车间排水管线从加氯车间连接至凝结水精处理室外设施。

（8）除盐水管线。主要从除盐水站接出，通往各个子项用户供应除盐水，敷设方式分为直埋和综合管廊两种方式。

（9）各类给排水管线。从厂外水源输送原水到厂区水处理设施区，经过处理，通过消防水管线供往厂区以及主厂房区用户，通过生产水管线供往各生产厂房使用，通过生活水管线供往各用户建筑内使用。

厂区内雨水管线主要用于有组织收集厂区的雨水排水，然后排至厂外。生活污水管线主要用于收集各个用户建筑物排出的生活污水，统一排至厂区的污水处理站，经处理达标后排至厂外。生产废水管线主要用于收集各类厂房在生产过程中产生的废水，并统一输送至生产废水处理厂房，经处理达标后排至厂外。

（10）各类热力和蒸汽管线。厂区热力管线主要为向厂外供热的管道（蒸汽管或热水管）和厂用辅助蒸汽管。向厂外供热的热力管从汽机厂房出来后，通过管沟或架空的形式敷设至厂外。厂内采暖管是为厂区内用户供暖的热水管道。管线从汽机厂房引出，通过直埋、管沟或管架的形式敷设至厂区各用户点。

（11）各类通信管线。主要分为仪控、通信等电缆，厂区管线布置中通信电缆主要通过预埋成品专用套管的形式连通各个用户点，在转折点用手孔井

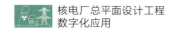

或者人孔井进行转折和衔接。

四、 厂区室外管线各阶段主要工作和流程

厂区室外管线规划布置和管线综合工作贯穿整个核电站设计、建安、运行和退役的全过程，各阶段主要工作如下：

（1）从厂址总体规划阶段就开始对取水口、排水口以及电力进出线方位等设施进行宏观规划，确定厂区室外大型管线的布置路径、方位、敷设形式等，还要根据项目经验，在管线可能密集的区域预留足够用地空间；

（2）项目初步设计阶段要进一步根据各专业详细提资，完整布置厂区室外管线，并在平面和竖向两个维度进行管线碰撞检查，不仅要合理规划好管线的平面路径，更要重点对厂区室外不同标高层的管线进行合理空间规划，尽量减少管线碰撞。

同时，对厂区综合管廊内部管线进行布置和综合，确定主要断面形式等。结合初步设计阶段总平面布置图的固化，总体上要固化厂区管线的布置路径和总体标高分布，消除管线与管线之间、管线与管廊管沟之间、管线管沟与厂区各种建构筑物之间的碰撞和冲突。

（3）项目施工图阶段要进一步进行详细的碰撞消除，与各专业反复迭代管线设计修改和管线综合，最终定稿出版施工图。

（4）厂区建成运行之后，管理运行方需要开展各类检修、监测、改造更新等工作，由于厂区地下管线往往具有隐蔽性强等特点，在现场实际施工开挖时经常挖断电缆或者挖断水管，给电厂运维工作带来困难。一般解决办法是结合厂区室外各专业管线的竣工资料，尽量了解管线分布和运行情况，对新增管线的平面敷设路径、竖向标高等进行规划布置。本阶段重点在对厂区地下管网数据的全面了解，不漏不错，准确对需要改造的新增管线方案进行评估。

厂区室外管线综合工作的完整流程如下：

（1）根据核电站主要生产工艺流程相关资料，梳理厂区室外管线信息表，具体形式见表1-2厂区室外管线信息表示例。

表 1-2　　　　　　　　　　厂区室外管线信息表示例

序号	管线名称	管线功能	连接子项 A	连接子项 B	管线材质	敷设方式
1	循环水供水压力管	循环水压力供水管从循环水泵房至汽机厂房…	循环水泵房	汽机厂房	钢筋混凝土结构	直埋
2	循环水排水压力管		汽机厂房	自然通风冷却塔		直埋
3	循环水回水沟		自然通风冷却塔	循环水泵房		直埋
4	氮气管道	氮气子系统为电厂相关系统提供低压氮气…	氮气站	核岛厂房	钢管	直埋
5	氢气管道	高压氢气子系统为化学和容积控制系统提供高压氢气…	氢气站	核岛厂房	钢管	直埋
6	其他管线	—				

这个阶段是厂区室外管线设计与综合的关键和前提，梳理的全面准确，则后续工作就顺利，避免了各种返工。在实际工作中常常使用厂区室外管线单线图来总体规划管线的用户接口、路径方案等，使厂区室外管线在建筑和道路之间疏密有致地排布，满足生产需要，合理使用厂区用地空间。

这里提到的单线图本质上是厂区总平面布置相关的生产工艺系统显化为厂区室外管线综合系统图，而厂区室外管线综合系统图则是对各个专业室外管线系统图的汇总和加工。

（2）根据固化的厂区总平面布置图和所有室外管线设计资料，重点规划主要的厂区室外管线布置路径，保证管线之间及其与周边设施之间必要的水平和竖向距离。

（3）各管道设计专业开展详细管线设计，满足专业设计要求，初步确定管线接口、具体平面位置和高程信息，并提资总图专业。

（4）总图专业开展管线详细综合，根据规范控制管线间距，如果发生碰撞冲突，反馈管线、廊道等设施的碰撞修改建议。

（5）各专业之间反复迭代，最终消除厂区室外管线所有碰撞，确定管线平面和竖向位置，出版图纸。

第五节　场地平整工程

一、概述

伴随着厂址总体规划和厂区总平面布置方案的固化，为了配合 FCD（The First Concrete Date），需要开展核电站工程前期准备：包括厂区征地、场地平整工程以及主体工程力能管线的准备等，其中场地平整工作是前期准备工作中重要的一个环节。这里的 FCD 是核电工程的重要节点，即核岛第一罐混凝土，标志着前期准备工作的结束和核电现场土建工程的正式开工。

场地平整主要指对厂区征地红线范围内的原始地形进行平整，根据室外地坪设计标高对原始地形进行开挖和回填，使平整后的场地满足工程需要。

二、主要工作流程

（1）定厂坪竖向标高。首先结合主厂房基岩情况，防洪排涝、厂外交通衔接等要求，对场地进行竖向设计，确定厂区的竖向方式（平坡式、台阶式、混合式），最终确定厂区室外地坪标高和场地开挖平整标高，场地开挖平整标高是指实际工程中的开挖面标高，考虑到各种大型建构筑物开挖后的基槽余土、绿化覆土等因素，一般比厂区室外地坪标高低 0.30m。

（2）定平整范围。根据固化的厂区总平面方案布置图，就可以确定厂区的占地范围，也就是场地平整的范围，即土石方计算的范围。

（3）土石方计算。根据场地平整的范围和标高信息，就可以开始土石方计算，当然在计算过程中还需要很多设计输入条件，如厂区所在位置的土石方松散系数、土石比等等。土石方计算的方法常见的有 3 种，即断面法、方格网法、三角网法。

　　断面法就是将需要计算土石方工程量的场地及其边坡每隔一定距离（具体切面间距 2～10m 不等，需要根据地形情况确定）切取断面，断面的方向一般垂直主要场地和边坡的方向，计算出每个断面的面积之后，利用体积公式计算出每个不规则体的体积，然后求和得到总的土石方量。

$$V = \frac{1}{3}\left(B + b + \sqrt{Bb}\right)\ h$$

式中：B 为下断面面积；b 为上断面面积；h 为切面间距。

　　方格网法是将场地划分成若干具有一定尺寸的方格并按设计标高（即开挖面标高）和自然标高定出各开挖点挖填高度和零点位置，分别求出各方格的填挖土方量的计算方法，如图 1－2 所示。

18.70	−10.56	18.70	−9.89	18.70	−9.52	18.70	−7.20	18.70
28.70		29.26		28.59		28.22		25.90
−997.75		−994.75		−928.50		−824.75		−83
18.70	−9.96	18.70	−9.38	18.70	−8.35	18.70	−7.92	18.70
28.09		28.66		28.08		27.05		26.62
−963.00		−961.25		−869.25		−795.50		−77
18.70	−10.05	18.70	−9.06	18.70	−7.98	18.70	−7.57	18.70
27.82		28.75		27.76		26.68		26.27

图例

−0.34	18.70	施工高度	设计标高
	19.04		自然地面标高
+0.42		+0.42	为填方量
−502.60		−502.60	为挖方量

图 1－2　方格网法示例

　　三角网法是在地形图精度较高时，利用场地测绘等高线和高程点建立三角网覆盖全部场地，并对每个测绘点计算设计标高、自然标高及其高差，最终计算出整个场地的土石方量，此方法主要用于基于三维模型的土石方计算，将在后续章节中详细描述。

土石方的平衡应考虑最初和最终松散系数、土石比、腐殖土层厚度、石料成品率等实际工程情况，综合确定。

（4）土石方迁移路线规划。根据土石方计算结果，结合场地地形特点，将挖方土石方迁移至填方范围，规划土石方迁移路径及其土石方数量，保证厂区场地平整最终完成。

（5）规划和设计场地附属设施。结合厂区用地红线和实际场地占地范围，在开展场地平整工作的同时也要沿厂区边界规划布置边坡、挡墙、截洪沟等附属设施，以保证场地周围边界的安全稳定。

第二章

遥感影像技术应用

遥感技术已经广泛应用在各行各业，其中遥感影像技术更是在土地资源利用、农业、气象、海洋、环境监测、资源调查、自然灾害监测、建设数字城市、水利建设与规划、洪涝灾害监测以及军事等方面得到大量应用。本章主要围绕遥感影像技术，结合核电站总体规划和总平面布置等设计工作，探讨如何利用遥感影像提升总图专业数字化水平，并在此基础上进一步展望遥感技术在核电行业的其他应用。

第一节　遥感技术概述

本节主要介绍遥感技术的基本概述、原理和分类，并简单介绍遥感数据，尤其遥感影像数据及其生产过程。

一、　遥感技术基本概述

遥感（remote sensing，RS），是指非接触的，远距离的探测技术。一般指运用传感器/遥感器对物体的电磁波的辐射、反射特性的探测。具体讲，遥感是通过对电磁波敏感的仪器如遥感器等，在远离目标，不接触目标物体的条件下探测目标地物，获取地面地物的反射、辐射或散射的特征信息（如电磁波等），并进行提取、判定、加工处理、分析与应用的一门科学和技术。其实就是在卫星或者飞机等各种平台上放上一个功能强大的照相机，给地面或者远处的物体拍照，然后通过照片的图像分析获取想要的数据。

遥感具有真实性和客观性，可以在大范围内探测各类地物，并立即获得图像，可实时反映各类地物的变化，在一般领域内常常用于收集地表各类研究资料，如地面影像等。另外，除了成像遥感卫星之外，还有一些独特的对地遥感卫星，可通过"听"无线电信号来感知和测量地球上的信息。

遥感工作的基本原理简单讲，就是太阳发出的光线穿越地球大气层，到达地面发生反射、辐射、吸收等作用，反射的光线从地面出发穿越大气层到达卫星平台的传感器，然后成像并传回地面站，地面站对卫星传回的数据进行预处理，并分发至具体用户单位开展各行各业的应用，各行业在应用时会根据自身的需要提取需要的信息，开展下一步的细分应用，如图 2 - 1 所示。

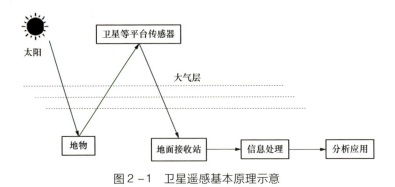

图2-1 卫星遥感基本原理示意

卫星遥感利用卫星平台上的传感器采集地球表面的电磁波获取观测目标的数据，得到相关信息。电磁波的物理性质与波长/频率相关，不同的电磁波波长/频率是不同的。根据波长长短，从长波开始，电磁波可以分类为无线电波（收音机和电视等就在这个波段）、红外线、可见光（波长在400～750nm左右，人眼可见的红、橙、黄、绿、蓝、靛、紫可见光）、紫外线、X-射线和γ射线等。遥感卫星上的传感器可以采集特定波长的电磁波信号，当前已覆盖从无线电波到紫外线。我们人眼也是一个传感器，只能感知电磁波谱上很窄范围的一小段电磁波，即可见光。但是我们通过人造仪器，可以感知可见光范围之外的电磁波，超越人眼的能力。

遥感技术是建立在地球表面物体的电磁波辐射理论基础上的，地球上的所有事物都反射、吸收或传输能量，能量的大小因波长而异，而且都有其独特的光谱特征，类似人类的指纹一样独一无二，如沥青道路和水泥混凝土路面具有不同的光谱，这样才可能应用遥感技术对地面的各类不同物体（建构筑物、水泥或沥青混凝土道路、硬质铺地、水体等）进行远距离探测和研究。

二、 遥感技术分类

（1）按照平台分：按照遥感器放置的高度不同分为地面遥感、航空遥感、航天遥感、宇航遥感。

（2）按照探测波段分：可见光遥感、紫外遥感、红外遥感、微波遥感。

（3）按照工作方式分：主动遥感、被动遥感。

（4）按照记录信息表现形式分：成像遥感、非成像遥感。

（5）按照应用领域分：外层空间遥感、大气层遥感、陆地遥感、海洋遥感、资源遥感、农业遥感、林业遥感、地质遥感、城市遥感等等。

三、 遥感影像数据介绍

卫星平台传感器传回地面站的数据有很多种，在各个行业应用最广的是成像遥感的成果，即平时常说的卫星遥感影像，这些卫星遥感影像是找遥感卫星公司购买的，国际上比较出名的商业卫星包括 DigitalGlobe、GeoEye 等，国内的商业卫星公司有吉林一号、珠海欧比特等，比如谷歌地球的卫星影像地图在全球大部分区域都可以做到 0.30m 分辨率，采购的数据大部分来自 DigitalGlobe。

这里的分辨率也称空间分辨率，表示屏幕上一个像素所代表的实际地面距离，如 0.30m 分辨率是指一个像素点代表长 0.30m、宽 0.30m 的一个物体，分辨率常用于设备屏幕上的距离来衡量实际距离，与一般图纸上使用的比例尺不同，图纸比例尺是表达图纸上的 1 个单元代表实际中的长度，如图纸中 1m 代表实际中的 500m，比例尺则是 1∶500。比例尺从 1∶100 万、1∶25 万、1∶10 万、1∶1 万、1∶2000 到 1∶500，比例尺越来越大，图上 1m 代表的实际长度就越短，图纸表达的地形地物就越详细，图纸精度也越来越高，反之亦然。

遥感影像简单讲就是地球表面的平面二维的"照片"，真实反映了地球表面物体的形状、大小、颜色等信息。一般传统测绘的地图主要通过线条和符号表示地面的高程、地物的轮廓、地形的特征等信息，要看懂这些线条，需要使用者具备不同比例尺地图图式的专业知识，相比之下，遥感影像的表示方式更接近平时人们用眼睛观察到的环境，只需要简单的影像判读就可以获取大量信息，更容易被大家接受，所以影像地图已经成为重要的地图种类之一。如图 2-2 卫星遥感影像实例可以清晰地反映山体、河流、道路等设施。

但是从遥感器传送回的原始"照片"是不能直接使用的，需要对"照片"图像进行几何处理，几何处理分为初纠正（一般在地面站开展）和精纠

图2-2 卫星遥感影像实例

正（一般由用户开展），初纠正是对图像的大部分系统误差进行改正，精纠正是改正图像的几何失真变形等，并规划坐标系到某个投影系统中。另外还需要对图像进行辐射处理，辐射处理包括了各种由传感器、地形、光照变化、大气散射和吸收等原因引起的辐射误差校正，辐射定标以及各种运算和图像融合等。经过各种几何处理和辐射处理后得到图像，就可以应用于具体行业。

在遥感图形处理方面，我国已开始从普遍采用国际先进的商品化软件向国产化迈进，在科技部、信息产业部的倡导下，国产图像处理软件从研制走向了商品化，并占有一定的市场份额，如photomapper等。

第二节　遥感影像技术在核电工程中的应用

一、遥感技术应用现状

遥感信息应用是遥感技术存在的最终目的，不同的遥感信息有不同的应用，对于能够提取地表植被信息的遥感数据，就可以用于农业、林业、环境等领域，对于能够提取地表温度信息的遥感数据，就可以用于城市内部热岛研究，火灾、环境等领域，对于能够提取地面高程的遥感数据，就可以用于地形测绘、地质灾害等工作。

这里有一个比较典型的应用案例就是大兴安岭森林火灾的应用，其应用原理是由于着火时的树木温度比没有着火的树木温度高，它们在电磁波的热红外波段会辐射出比没有着火的树木更多的能量。可以这样假设，当消防指挥官面对着熊熊烈火担心不已的时候，如果这时候正好有一个载着热红外波段传感器的卫星经过大兴安岭上空，传感器拍摄到大兴安岭周围方圆上万公里的影像，因为着火的森林在热红外波段比没有着火的森林辐射更多的电磁能量，在影像中着火的森林就会显示出比没有着火的森林更亮的颜色，经过处理的影像交到消防指挥官手里时，指挥官一看，图像上发亮的范围这么大，而消防员只是集中在一个很小的地点上，说明火势比预想的更大，需要马上调更多消防员到不同地点参与灭火。

遥感影像技术在各行各业都已得到大量应用，在核电行业中也有相关应用，比如核电站选址、总体规划和总平面布置、核电站周边的环境辐射监测、核电站温排水监测、核事故应急和规划限制区监测等，随着现代卫星遥感技术的空间分辨率、时间分辨率、光谱分辨率以及传感器观测能力的不断提升，遥感技术在核电行业的应用范围越来越广，领域也越来越细分。结合总图专业的工作特点，下面重点介绍下遥感影像在核电站厂区总体规划和总平面布置中的应用实践。

二、 核电站厂区总体规划阶段的应用

目前在工程项目中，不管是民用项目还是工业项目，在前期规划方案选址，交通规划选线等分析过程中，已经广泛应用遥感影像地图，其主要由遥感影像构成，辅助以一定地图符号来表现或说明地形地物等，与普通地图相比，遥感影像地图具有丰富的地面信息，内容层次分明，图面清晰易读，充分表现出影像与地图的双重优势。遥感影像地图就是在卫星遥感影像基础上，

叠加了交通道路设施、行政村镇的名称、各种水域河流名称、各种山体名称等地图信息，现在一般导航地图软件自带的卫星地图模式就是遥感影像地图，如图2-3所示。

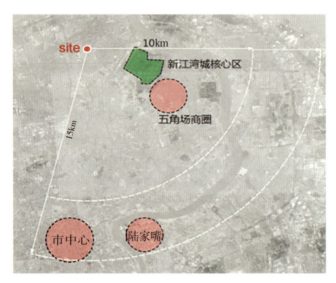

图2-3　基于遥感影像地图的规划选址分析实例

核电站厂区总体规划阶段需要在原始地形图上开展纸上作业，对选定的核电厂址范围内的相关设施进行总体规划，同时还要进行现场踏勘等工作，以前这些工作都是以测绘单位提供的平面原始地形图（DWG格式）为依据，主要缺点是不够直观，设计人员难以了解电站所在范围的真实环境，即使到核电站所在位置进行现场踏勘，受限于各种密林植物的遮挡，难以从更大范围视角了解厂址现状，开展总体规划工作。

大范围遥感影像地图可以向设计人员展示核电站所在地理位置的真实地形地貌，以大范围的遥感影像地图为底图开展总体规划工作，具有以下优点：

（1）工作范围大。在核电站前期总体规划阶段，需要围绕厂区所在位置，开展厂区周围更大范围的设施规划和布置，考虑到成本和各种限制，在方案布置阶段往往很难获取大范围的详细测绘资料，借助已有的大范围遥感影像地图，可以方便地识别原始地形和地貌，为设施的位置选择，管线路由规划等工作提供方便。

（2）可应用于各类空间分析。大范围遥感影像地图一般是平面图片（TIF格式），当需要结合原始地形高程进行物项布置时，就需要将平面的遥感影像地图与同一地理位置的数字高程模型（digital elevation model，DEM）相结合开展工作。DEM 是通过有限的地形高程数据实现对原始地面地形的数字化模拟，即地形表面形态的数字化表达，由于 DEM 描述的是地面高程信息，它在测绘、水文、气象、地貌、地质、土壤、工程建设、通信、军事等国民经济和国防建设以及人文和自然科学领域有着广泛的应用。如在工程建设上，可用于如土方量计算、通视分析等，在防洪减灾方面，DEM 是进行水文分析如汇水区分析、淹没分析等的基础资料。带有 DEM 数据的遥感影像地图可以反映出原始地形高低起伏的真实状态，借助各种类似 InfraWorks 的相关软件或者地理信息系统（GIS）相关软件，可以对原始地形进行各类地理空间相关的分析。遥感影像结合 DEM 实例如图 2-4 所示。

图 2-4　遥感影像结合 DEM 实例

（3）图面直观真实。在总体规划的纸上作业阶段，一般收集到的基础资料是测绘单位测绘的原始地形图，以此作为规划的底图开展工作，需要设计人员学会地形图的专业识图能力，认识基本的地形图常识，这样才能在内业选厂阶段有的放矢。如图 2-5 原始测绘图图式摘自《国家基本比例尺地图图式　第 1 部分：1∶500、1∶1000、1∶2000 地形图图式（GB/T 20257.1—2017）》，表达了原始测绘地形图的制图规则，也是设计人员需要了解的基本内容，需要关注规范中对建构筑物、道路等设施的外形绘制、层数、结构类型等表述与设计行业有一定差异，如标注"钢28"字样是指已建28层的钢筋混凝土结构的建构筑物，如道路单边虚线，单边实线的双线一般表示乡村路。如果图中填充圆圈的一片场地，其中标注"桉6"字样，表示大片成熟的桉树林，桉树平均数高约为6.00m。

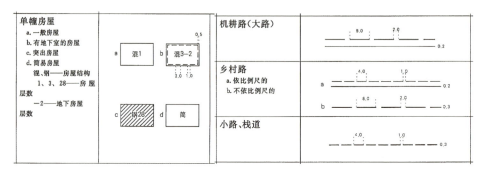

图2-5　原始测绘图图式

当采用遥感影像叠加DEM时，就可以更加直观地看到原始地形，尤其对山势起伏，道路水系分布更是一目了然。设计人员在现场探勘时，一般人眼能够看到的范围总是有限，往往是只见树木，不见森林，难以看见基地全貌，若是结合大范围遥感影像叠加DEM数据来了解基地现状则更加直观和真实，可以从总体到局部，从宏观到微观全面了解原始地形地貌。

三、　核电站厂区总平面布置阶段的应用

当项目进入更详细的总平面布置阶段，一般测绘专业会对厂区红线边界内部以及红线外一定范围（具体距离根据项目实际情况确定）的原始地形进行详细测绘（一般为1∶500比例尺），测绘成果作为开展厂区总平面布置以及场地平整工作的设计输入和依据。但是测绘资料的更新频次会很慢，有时候很多年才根据实际需要重新测绘一次，不能满足项目在各个阶段的需要，如果辅助遥感影像地图，则可以提升对项目的支持，使各个阶段的设计工作能够适应现场的最新变化。某些地区的遥感影像更新频率也不是很高，这个时候可以根据需要利用遥感成像新技术，使用带摄像头的无人机拍摄目标区域的视频，利用Quick-Bird无人机视频实时处理系统实时生成数字正射影像

（digital orthophoto map，DOM），真实的实时反映现场设施变化，提升现场地形图的现势性。以下从新建项目，已建项目和本专业自身能力建设等方面对应用情况进行总结。

（1）新建工程项目。设计的过程是对已有原始环境的改造过程，所以在新建工程项目中主要关注新建的建构筑物在原始环境中是否合适，研究新设计建构筑物与周围原始景观环境的融合，最终使新设计成果与原有环境和谐共生。鉴于此，现有新设计 CAD 图纸与遥感影像的准确叠加是遥感影像应用的一个重要方向和热点，类似插件和软件也很多，共分为两种情况，其中一种情况是以 CAD 设计图纸为底图，将遥感影像插入到 CAD 图中；第二种情况是以遥感影像为底图，将 CAD 图纸导入相关平台，叠加到遥感影像地图上。如图 2–6 就是以 AutoCAD 为平台的 GIS4CAD 插件，可以实现将遥感影像导入 CAD 图纸的功能，可实现影像导入导出、坐标系转换、标注查看属性等功能；还有如图 2–7 主要采用奥维互动地图软件对坐标系统等参数进行设置，将 CAD 线条导入软件，叠加到遥感影像对应的地理位置，实现新设计与现状地形的结合，帮助设计人员检查相关问题，充分考虑设计成果与自然环境的有机融合，国内类似的其他地理信息规划设计工具平台如水经注 GIS、全能电子地图、图新地球等等也有类似功能。

图 2–6　GIS4CAD 插件实例

一般 CAD 设计图纸采用大地测量平面坐标系统，如 CGCS2000、西安 80 和北京 54 等平面投影坐标系，但是遥感影像所在地理信息平台一般均采用世界大地测量系统 World Geodetic System 1984（简称 WGS84），用经纬度来表示地理位置，所以本部分工作的难点是坐标系之间的准确转换，一般平台会自带转换小工具，但是需要输入准确的相关参数。

（2）已建改造项目。当厂区完成建造后，随时间的推移，厂区已建的建

图 2-7　CAD 图叠加卫星影像示例

构筑物会逐渐成为卫星影像的一部分。核电站在运行过程中，根据生产发展计划，需要开展物项改造相关的技术服务。改造的过程是基于厂区已有的建构筑物，所以首先作为设计底图，高时间分辨率和高空间分辨率的遥感影像地图是重要的设计输入，可以帮助设计人员对改造环境有充分的了解。

在核电站改造工作中，由于各种原因，如设计人员没有开展现场踏勘或者现场踏勘不仔细，会发生新设计的建构筑物与现场已有物项冲突的事情，如果能够提供高分辨率的遥感影像就可以充分避免此类问题。比如在实际项目中，设计人员准备在核电站取水明渠一侧的空地新增一个子项，设计人员主要依据已有的明渠竣工图纸，在距离明渠挡墙一定距离位置规划一个建构筑物，从已有资料未发现任何问题，但是结合最新的遥感影像地图发现，新增建构筑物与现场已有明渠挡墙冲突，主要是由于明渠挡墙的最终设计变更未反馈至竣工图纸，后来结合遥感影像以及详细的现场踏勘，移动了新设计建构筑物的位置，避开已有明渠挡墙，满足现场实际情况，避免了设计的返工。

（3）技术能力提升。一般核电站受自身生产工艺流程限制，在厂区总平面布置形式方面不如民用项目灵活多样，但是随着核电行业去工业化设计的推广，需要总图设计人员在满足生产工艺流程、地质等要求的前提下，对厂区总平面布置形式开展更多的研究，尤其主厂房群的布置形式要灵活多样，以丰富厂区室外空间，提升厂区工作环境，增强企业凝聚力。提升厂区规划布置形式的多样性和设计感，不光要设计人员多思考，还要多学习已建核电站或工业厂区的成功经验。通过卫星遥感影像我们可以"俯瞰"所有已建核电站的总平面布置图，大量而广泛地学习现有各个国家核电站的总平面布置经验，同时辅以各类网站上核电站相关的公开信息，对较典型的核电站总平面布置图进行深入的研究和学习，以扩展专业人员的视野。

四、 常见应用案例简介

（1）卫星遥感影像叠加 CAD 图纸的应用。核电站完成厂址选择后，需要针对选定的厂址开展总体规划，一般工程设计中首先要通过相关部门获取厂址所在位置以及周边广大范围的原始地形图，并在原始地形图上对核电站厂区、厂外交通设施、厂外取排水设施、厂外电力进出线设施、厂区周边防洪排涝设施、施工临建区、取土场、弃土场、厂外职工生活区，气象站、环境监测站等设施进行总体规划，确定设施位置和方位，选定管线或者交通线路的路径方案等。

但是实际工作总存在原始地形图范围太小、精度不够、识别困难、获取费用高等问题，无法准确对相关设施进行有效规划和布置。采用卫星遥感影像则不存在上述问题，具有直观、范围足够大、地物识别准确且精度高的特点。如果结合卫星遥感影像开展工作，需要将前期已有的厂区总平面布置图（一般是 .DWG 格式）与卫星遥感影像进行叠加。下面以奥维互动地图平台为例，介绍如何将 CAD 图（.DWG 格式文件）叠加至卫星遥感影像地图。

第一步：准备带有坐标系信息的 CAD 图纸，并明确图纸内容所在地理位置的中央子午线数据，建议首先把 CAD 图纸另存为 2004 版本的 DXF 文件；

第二步：打开奥维互动地图平台，把另存的 DXF 文件用鼠标左键拖入平台；

第三步：平台会跳出"读取 dxf 文件"的对话框，点击"导入到地图"；然后跳出"坐标转换"对话框，选择"经典转换"，点击"设置"；跳出"横轴墨卡托投影坐标"对话框，对坐标进行设置，根据需要选择坐标转换类型，这里选"经纬度↔西安 80"，输入对应中央子午线数据 109°3′，点击"确定"；返回"坐标转换"对话框，点击"开始解析"；然后跳出"导入对象"对话框，点击导入即可。

坐标系设置是导入的关键，需要熟悉相关坐标系的知识，具体操作界面见图 2-8 设置坐标系界面，导入成功后的界面详见图 2-7 所示的 CAD 图叠加卫星影像示例。

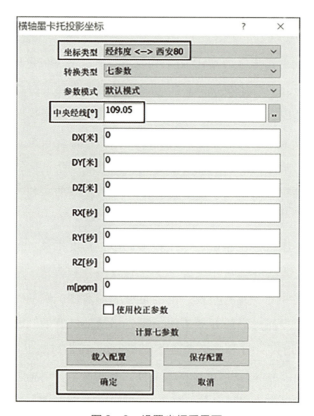

图 2-8　设置坐标系界面

（2）卫星遥感影像叠加 DEM 的应用。Autodesk InfraWorks 软件是一款基于 BIM 技术的基础设施设计软件，主要用于城市规划、道路桥梁等基础设施的设计和管理。该软件可以将地理信息、建构筑物和场地、各种工程信息等多种数据进行集成和管理。InfraWorks 可以帮助工程师更加准确地进行设计和分析，提高工程质量和效率，降低工程成本和风险，具有可视化设计、数据集成、可扩展性等优点。

下面主要介绍在核电站工程项目中，结合 DEM 模型，运用 InfraWorks 建立三维卫星遥感地图，并以此作为工程项目的原始三维仿真环境，为厂区总平面三维设计提供真实的厂区周边三维环境。

第一步：打开 InfraWorks 软件，点击"模型生成器"，找到项目厂址所在位置，根据项目需要选定并下载卫星遥感影像的范围，提交下载需求。

第二步：收到数据服务器发送的模型已准备就绪的邮件后，进入 Infra-Works 软件点击下载，得到卫星遥感影像和 DEM 的叠加模型。如果自己手头有高精度的 DEM 模型和卫星遥感影像，也可以通过在 InfraWorks 软件主页面点击"新建"建立新项目，然后在新项目空模板中分别导入 DEM 模型和卫星遥感影像，这里重点和难点是要统一所有数据和模型的坐标系，这样才能在同一地理位置叠加。一般先下载 DEM 地形图，再下载卫星影像图，再统一坐标系 LL84 到 Infraworks 中汇合，卫星影像图在厂区局部范围内分辨率大点，按照地图分级可到 19~20 级，大范围区域规划可以分辨率小点，可以用 15~16 级。

完成上述步骤后，在此基础上可以开展场地平整等工作，也可以整合各类三维模型，包括 fbx、dea 等格式，以及 Civil3D 和 SketchUp 等三维设计软件生产的各类模型文件，详见图 2-9。

图 2-9　遥感影像结合三维模型工程实例

五、 遥感技术应用展望

随着遥感技术在各行各业的广泛应用，在核电行业的应用范围和深度也不断提高，根据目前的应用现状，可以预见以下几个方面的应用会不断深入。

（1）核电站选址分析。遥感影像可以大范围地如实反映地理环境及其地形地貌，大大提升核电站选址的效率和准确度，对选址目标区域开展有效的综合评价，为厂址选择提供可靠的依据。

（2）核电站环境辐射监测分析。核电领域内，自从1986年切尔诺贝利事故后，各国相继采用遥感技术开展核电站环境监测和风险评估，为核电站建成前后以及退役后的安全评价提供可靠依据，核电站环境辐射遥感监测主要利用航空伽马能谱测量系统对 0 ~ 3MeV 范围内的各种射线进行测量，我国有些核电站已经在开展相关工作。

（3）核电厂温排水监测。核电站运行时，需要利用热红外遥感技术，不断对核电站温排水的分布范围及强度进行评估，国内很多核电站都开展了温排水遥感测量。

结合行业的特点，遥感技术在实际应用时的简要流程如下：

（1）应用需求分析：如温度相关的主题有，通过地面温度变化的分析进行火灾监控，通过水面温度变化的分析进行核电站温排水监控。

（2）遥感数据分析与数据获取：通过各类平台获取影像数据，选择合适的影像获取方式，如主动雷达方式等，即不同的应用主题特点，需要选用适合的数据获取方式。

（3）遥感数据的辐射处理：判断卫星遥感影像的属性及性质是否准确。

（4）遥感数据的几何处理：对卫星遥感影像的几何位置进行校正，保证数据地理位置等信息准确。

（5）遥感信息的提取：基于已经处理校正过的数据影像，提取本次应用所需要的数据和信息，比如火灾范围数据、水面温度变化数值和范围等，这是本次应用的重点和目的。

（6）遥感信息的分析与处理：基于已经提取的信息对事物的发展趋势进行预估、判断和分析，以便可以获得所需要的结论或成果。

（7）遥感应用产品：最终得到结论信息，即火灾是否蔓延或蔓延速度，核电站排放口的水温升高是否超出了规定要求等。

第三章

三维建模技术应用

在工程设计建造过程中，设计人员使用二维平面图纸向领导、业主、专家汇报设计方案或者向施工方设计交底时，若是遇到复杂的空间关系，总是要花费非常多的精力和时间，才能表达清楚自己的设计意图，这个过程非常考验参与者的空间想象力，沟通效率很低。

本章主要研究如何用三维建模技术表达工程项目，包括所有的建构筑物、道路、山体、水系、绿化等设施，表达分两个层面，其一是描述其几何外形，其二是描述其属性信息（亦称非几何信息），几何外形可以让我们看到工程设施是什么样子，非几何信息可以让我们清楚工程设施的相关说明信息，以方便在工程项目中沟通和交流，提升工程管理的沟通效率。

各行各业的三维建模技术有很多，本文主要介绍工程项目中常用的 BIM 技术和实景三维技术，BIM 技术主要应用于核电站设计、施工等环节，实景三维技术主要应用于核电站建成运营阶段的相关服务，最后，围绕核电站工程相关的场地地形和地质、建构筑物、室外管线等设施介绍具体应用情况。

第一节　BIM 技术

BIM 就是 Building Information Modeling，建筑信息模型的缩写，其中 B 主要指建构筑物，I 主要指信息，含几何信息和非几何信息，几何信息指建筑设施的大小尺寸信息，非几何信息主要指建筑设施的工程信息，M 主要指三维模型，这是从狭义角度理解 BIM 的含义。

BIM 技术从 1975 年初次提出，到 1992 年正式发表于期刊，以及 2002 年 Autodesk 公司收购 Revit 并包装推广 BIM 理念，BIM 技术开始迅速应用于各个工程领域。我国从 1998 年到 2005 年开始理论研究，2006 年到 2010 年开始明确提出研究 BIM 技术在建筑工程领域的应用，属于理论研究和初步应用阶段，2010 年至今进入快速发展，深度应用阶段，BIM 技术开始大量用于工程项目。随着各个行业在各个层面的推广和应用，BIM 的外延被不断扩大，形成了对 BIM 的广义理解：B 从建构筑物扩展到整个建设工程领域，含城市规划、市政工程、土石方工程等范围，I 从信息扩展到整个建设过程信息化，即持续录入整个建设过程的信息，M 从三维模型发展到对整个建造过程的模拟。所以，BIM 的定义在不同国家、不同行业领域、不同时间段有各自的理解，现在认可度较高的 BIM 定义为：在建筑工程设施的全生命周期内对其几何信息及非几何信息进行数字化表达。本章节主要介绍 BIM 技术在设计环节的应用，关于 BIM 技术在核电站全生命周期的应用，将结合 GIS 等其他技术在后续章节中详述。

一、BIM 技术特点

传统意义上 BIM 具有五个特点，分别是可视化、协调性、模拟性、优化性、可出图性。可视化就是所见即所得；协调性就是可以通过三维立体的方式协调厂区各个建构筑物设施之间的关系，避免冲突；模拟性就是模拟建构筑物的外形轮廓、工程信息以及各种分析，还可以模拟设计建造过程等；优化性主要指让所有参与设计、施工、运营的人员可以在所见即所得的三维环境中，提出自己的优化意见；可出图性指在满足三维可视化的同时，又可以满足现有的图纸出版要求，为何强调可出图性，主要是因为在目前设计行业现状下，二维图纸仍然是表达建设项目的唯一法律文件形式，目前数字化形式的成果还不具备这个能力。

二、 BIM 技术常见软件

BIM 技术需要通过软件工具平台来实现，迄今为止约有上百款 BIM 软件，如何选择适用于本专业的 BIM 软件，首先要初步了解一定数量的主流 BIM 软件。

国外软件中最具代表性的是 Revit，这款软件已广泛应用于工业与民用工程项目的各个阶段，覆盖专业较多，功能齐全；还有专注建筑设计的 ArchiCAD 软件，主要针对建筑专业，运行速度快，开放性强；Bentley 软件主要包括建筑、结构和设备几个模块，常用于工业设计和基础设施领域；现在核电系统使用较多的 BIM 软件有 PDMS（工厂三维布置设计管理系统）和 PDS（工厂设计系统），PDMS 是英国 AVEVA 公司开发的大型复杂工厂设计项目软件，具有三维可视化、多专业协同、独立的数据库以及开放的开发环境等优点，PDS 是美国 INTERGRAPH 公司开发的大型工厂设计应用软件，是一款功能与 PDMS 类似的软件平台，目前已经进化至新一代的 SmartPlant 3D 软件，其自动化功能和规则驱动的技术，可以提升生产效率和质量，特别是可以方便地创建修改管道模型；Civil 3D 软件主要侧重土木工程和市政设施，尤其在土石方工程方面比较常用；SketchUp 软件一般理解常用于快速建立三维模型，用于前期工程方案推敲，上手快，操作简单。

国内代表性软件有广联达 BIM 系列软件，涵盖项目全周期，有土建和安装等计量软件，以及针对建筑、结构和机电专业的 BIMSpace，侧重地下管网设计的管立得软件，道路设计软件路立得以及鸿城 CIM 平台（工程大数据的管理与应用）和鸿城智慧管网管理系统等；鲁班软件有鲁班大师和造价软件等，以及鲁班万通和城市之眼（主要应用于城市信息模型 CIM），以及用于基础建模、全自动翻模，可深化土建和机电 BIM 设计的橄榄山软件等等，每款软件都有各自独特的优势和侧重，从它的程序基因里就决定了软件更擅长自己原本的业务，在非原本业务领域内则不擅长，所以目前没有任何一款软件可以胜任全部 BIM 工作。

其次，结合专业的特点，工作条件等客观情况，本次重点从 Revit 开始试用，我们在工作中发现 Revit 这类 BIM 软件主要针对建筑、结构和暖通、电气、给排水等专业，不适用总图设计专业。随着工作开展，同时发现 Civil 3D 软件在总图专业的土石方工程和室外场地工程方向比较符合专业特点，最后还有 SketchUp 软件比较适合厂区总平面布置工作，下面展开介绍。

1. Revit 软件

Revit 软件是 Autodesk 公司的一款三维设计软件，支持建筑设计、结构设计和机电设计，具有参数化设计等特点。Revit 最初是由 Revit Technology 公司于 1997 年作为机械设计软件研发的，后来 2002 年被 Autodesk 公司收购，转向建筑工程领域，从最开始的建筑设计功能，陆续加入结构设计和机电管道设计功能，以及各种能量分析、光照分析和预制构件等功能模块，逐渐演化为现在的全能型建筑工程 BIM 软件，是普及度最高的一款 BIM 软件，尤其在一般的工业与民用建筑工程中。

软件主要界面（见图 3 – 1 ~ 图 3 – 3）如下：

图 3 – 1　Revit 软件建筑设计模块

图 3-2　Revit 软件结构设计模块

图 3-3　Revit 软件机电设计模块

（1）主要特点。Revit 软件主要特点是建筑、结构和机电等专业内容高度集成，对建筑工程及其附属设施设计操作深度定制，这就意味着绘制建筑单体及其相关设施时很方便，如设计要素参数化定制，丰富的建筑设施族库，可以大大提升建模效率。

参数化建模：主要是用专业知识和规则来确定几何参数和约束的一套建模方法，简单讲就是用一组数值去控制另外一组数值，如一个项目里有各种类型雨水口，有立篦式、平篦式、偏沟式等，假设厂区各处对立篦式雨水口的长度（L）、宽度（W）和高度（H）有不同要求，我们在建立雨水口模型的时候肯定不会逐个去建立厂区室外雨水口的三维模型，而是在制作立篦式雨水口三维模型时设置三个参数，即 L、W 和 H，根据厂区不同位置对雨水口尺寸的不同要求，我们只要稍微调整 L、W 和 H 这三个参数变量，就可以满足具体位置的要求，而不必重新建模，也可以引申为参数化驱动建模，相比 BIM 其他软件，Revit 软件的参数化建模做得比较好。

关联性强：简单讲就是模型一处修改，处处更新。在 Revit 软件中各个建筑构件不是独立存在的，是相互关联的，如修改了一堵墙，与此相关的房间面积和门窗统计表等都会随之更新。

协同工作：Revit 可以实现很多专业设计师通过网络连接到同一个平台，

大家分工合作，负责各自专业的三维建模方式，最后完成同一栋建筑的三维建模。

丰富的族库：族是 Revit 软件中一个强大的概念，类似我们在 CAD 中的块，基本上所有的建筑物构件都是基于族来实现，Revit 软件中也预制了大量丰富的族库，里面存放了参数化的族，方便建模时重复使用。常见族有门窗墙等系统族，有板梁柱等构件族，还有项目中特殊的自定义族，随着数字化项目的开展，一般会逐步积累适合行业特点的自定义族，以便在后续同类型项目中重复使用，这些自定义族库都是企业数字化发展中的无形资产。

数据交互性强：数据交互简单讲就是在不同软件之间交换数据，以便各专业设计提资和数据汇总。Revit 软件不但能够在一款软件里解决建筑工程全专业的事情，避免了不同软件之间的数据交互难题，同时，也具有强大的数据接口能力，可以兼容 IFC、FBX 等格式的数据。

强大的分析功能：可实现建筑物的热工性能、声环境、光环境等分析功能，这里的性能分析范围主要指建筑本身的一些物理性能。

虽然 Revit 软件目前在建模软件中普及度最高，但是也有自己的缺点。

第一个缺点：Revit 软件对电脑的硬件配置要求很高，主要原因一个是它构件中的数据量巨大，另一个是构件的联动性强。

Revit 希望不同构件的信息大而全，这导致模型中每一个构件都有着大量的冗余数据，这是因为 Revit 在被 Autodesk 收购之前是做机械设计的，机械设计和建筑设计最大的区别，在于它要求零配件之间要有很高的相互驱动能力。Revit 软件中，小到两颗螺钉，大到两堵墙，所有的构件都彼此关联，而且它对所有的关联都是实时运算的，每次移动一个构件，软件都要计算所有和它相关构件的参数，就算隐藏了的那些构件，也一样要被计算。

这种关联参数的积累，会随着厂区模型整合后体量的扩大呈现几何级的上涨。如果你的核电项目厂区模型太大的话，比如一个占地将近 100 公顷的核电站，厂区永久和临时的建构筑物约 200 个，还有室外地形、道路等设施，对计算机的要求就会非常非常的高。

每一款软件擅长做什么，能做到什么程度，很大程度受制于软件自身的

"基因"，也就是这款软件刚开始被程序员开发出来是准备做什么事情的，就像 Revit 软件无论怎么发展进化，始终可以看到机械设计的影子。

最后，其实参数化和关联性是一把双刃剑，如果你的计算机配置够的话，Revit 对建筑构件的详细编码和分类，能够对后期的施工甚至运维数据输出有很大的帮助，而高度的联动性在熟练掌握之后，能让模型改动工作大大减少。

第二个缺点，就是面向特殊行业（如核电行业）的预制族库太少。

Revit 软件的族库相当于 CAD 中的块，SketchUp 软件中的组件，只是更复杂而已，在核电站的核岛厂房中复杂的钢结构模块、核电站中的圆形冷却塔等就没有现成的族库。项目越特殊，相应的族库就越缺乏，需要建模人员从零开始画一个构件的工作量就越大，包括目前各大核电设计院采用的 PDMS 和 PDS 软件平台，在绘制核岛厂房之初，就没有标准化的族库，都是经历了很长时间的核电站个性化定制工作，如建立核电站自身特有门窗等族库，如今才可以作为核电站三维设计软件使用。

Revit 建模是一个参数化建模的过程，不是画一个构件的三维形体就完了。比如说，项目里需要一个消防水罐，Revit 给出的预设里面没有符合要求的，需要自己建立一个。这时候，不仅要把它的外形尺寸画好，还要给它加上跟水管、电线的接口，以及一系列的参数，比如水压、电压、水流量等，只有这样，这个构件放到项目里的时候，才能跟其他的管线连接成系统，开展相关分析复核工作。

只画出三维模型，但是没有属性信息的族，在 BIM 行业里被称为"死族"，因为它只能看几何外形，不能查看信息和数据，很多 BIM 数字化项目到了一定程度 BIM 进行不下去，就是因为模型中有大量的"死族"出现。

第三个缺点，就是族库构件的种类复杂，软件的逻辑难以理解。

Autodesk 把建筑、结构、机电和设备这些专业集成到同一款软件中，这些专业的数据分类方式又各不相同，如何对各专业的族库构件进行分类管理是个难题。

在 Revit 中所有的构件都按照一种叫族类别的方式来分类，比如墙类别、照明设备类别。族类别这个大类里面，还有小类是族类型，比如，你画一堵墙，100mm 厚，然后想在其他地方画一堵 200mm 厚的墙，那你能不能直接把厚度改成 200mm 呢？不行，因为不同厚度的墙，在 Revit 里属于两种族类型，你把 100mm 厚这种类型的墙改成 200mm 厚了，那之前所有 100mm 厚的墙也都跟着变成 200mm 厚了，需要重新建立一种墙的类型，把厚度设置成 200mm 才行。在 Revit 中还有很多，光是要改变一类构件的颜色，就要先搞清楚对象样式、系统材质、过滤器等一大堆东西。

这一点带来的坏处就是，需要非常熟悉它的逻辑，才能提高效率。否则，使用软件本身就会分散你的注意力。举个例子，异形的构件需要自己建族，比如想在墙上装一扇异形的门，软件给的族库中没有这个异形的门，就需要自己建一个。在建立的时候，一定要考虑好它的族类别，如果类别错了，就放不到墙上了，族类别设置好了还得设置族类型，给每个族类型加上参数，设置这些参数之间的关联，其建立族库的过程很复杂，容易让新手止步，这也让"族"成为制约我国 BIM 发展的一个瓶颈。

我们找不到一款完美的 BIM 软件，每一款 BIM 软件都有自身的优势和缺点，比较务实的做法是根据专业自身特点，选择一款最适合本专业的 BIM 设计软件。

（2）Revit 相关应用实践。在总图专业数字化实践中，我们首先从应用最广泛的 Revit 软件着手，尝试建立厂区道路的三维模型。首先，准备好厂区总平面布置图的 DWG 格式图纸，导入 Revit 软件，建立一段 9.00m 宽的直线段道路的族，然后建立交叉口（T 形交叉口和十字交叉口）的族，最后汇总得到局部道路的 Revit 三维模型。厂区道路局部 Revit 模型如图 3-4 所示。

实践证明，Revit 可以通过建立道路族库，形成厂区道路的三维模型，而且可以进行工程量统计，缺点是软件对原始地形及平整后的场地建模能力比较弱。

2. Civil 3D 软件

AutoCAD Civil 3D 是 Autodesk 公司开发的一款面向土木工程基础设施和文档编制的 BIM 软件，可以创建厂址原始地形三维模型，对原始地形进行场地平整，建立场地三维模型，计算土石方工程量，还可以创建道路等构筑物设施的

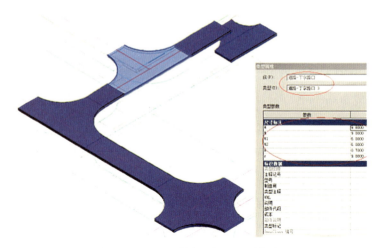

图 3 –4　厂区道路局部 Revit 模型

三维设计模型，以及雨污水、给水等管道三维建模。Civil 3D 软件和 Revit 软件类似，具有 BIM 类软件的基本特征，区别在于针对的领域不同（Civil 3D 适用基建行业，Revit 适用房建行业），Civil 3D 软件可以理解为根据土木工程专业需要专门定制的 AutoCAD 软件，所以操作界面十分友好，如图 3 –5 所示。

20 世纪 90 年代，Autodesk 公司推出 Land Desktop 软件，主要用于 Auto-CAD 平台的土木工程设计，后来 2004 年首次发布为 Civil 3D 软件，软件自带公路、市政等土木工程行业的基因。

（1）主要功能简介。场地评价分析：工程设计开始阶段，首先要了解原始地形地貌等情况，Civil 3D 软件可以建立原始场地地表和地下地质的三维模型，并进行高程、坡度、坡向、跌水、汇流等基于地形地貌的空间分析，以评价场地工程适用性。

道路设计：基于已经完成的原始地形三维模型，开始厂外道路的选线、纵断面设计、横断面设计，还可以对道路三维模型进行道路转弯半径分析（利用 Vehicle Tracking 插件）、道路工程量统计、三维模型展示等。

场地平整计算：基于已经完成的原始地形三维模型，根据场地室外地坪标高，开展土石方计算，完成土石方工程施工图设计。

构筑物建模：可以围绕平整后的场地对厂区周边边坡、挡墙、排水沟、截洪沟等场地附属工程进行三维建模。

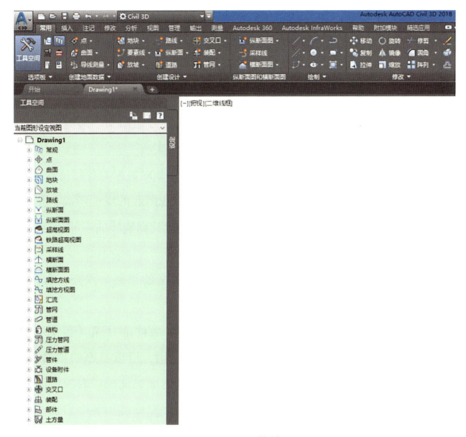

图 3 -5　Civil 3D 软件界面

管线管廊建模：Civil 3D 软件也提供了室外管线廊道等带状设施的三维建模功能，这种建模思路有点类似 SketchUp 的路径跟随功能。

三维展示：将上述模型汇总并三维可视化展示。

可出图性：可以将上述模型转化为满足 CAD 出图要求的二维图纸出版。

（2）入门术语学习。同类型的 BIM 软件可以做的事情都很类似，但是同一个事物在不同软件中可能有不同叫法，比如 Civil 3D 软件就有很多专门的术语不容易理解，需要学习和了解这些概念，才能顺利地使用软件。

对象：指地形、道路、管线和点、曲面、要素线等对象，Civil 3D 软件是面向对象的一种设计软件，而且对象和对象可以相互关联，也就是修改了原始曲面标高，土石方挖填高差和土石方量就会随之变化，就像 Revit 的关联性。

对象样式：一个对象可以有不同的样式，就像地形曲面可以以不同的样式显示，如等高线样式、坡度样式、标高图样式等，样式就像给地形曲面穿不同的衣服，以不同的方式表现出来。

标签：也就是标注、注释说明、注记解释等，用以介绍模型的详细信息，标签可以包含单行或多行文本、块、记号、直线和方向箭头，常见如原始地形曲面的坡度和标高等信息都可以通过标签标注出来。

样式：指图形对象、各类标签和表格的外观，是对数据的各种呈现。

北距/东距：北距是指从通过原点的东西向直线向北的线性距离，相当于 XYZ 坐标系中的 Y 坐标；东距是指从通过原点的南北向直线向东的线性距离，相当于 XYZ 坐标系中的 X 坐标。

道路：是指任意一种路径，包括我们一般意义的道路、铁路、行车道、沟渠、公共设施管道等线状设施。

曲面：是场地某个区域的三维几何表示，其本质就是 DSM（数字地面模型）或 DEM，曲面的概念在 Civil 3D 中被大量运用，可以是原始地形曲面、道路曲面以及地质岩层曲面和护坡曲面等，这里曲面只能模拟对象的表面层的形态，不能模拟对象内部实体，如对地质体的模拟就是用各个岩层分界的曲面来表示，曲面还可以编辑和操作，如复制和粘贴等操作。

体积曲面：是指两个曲面区域之差或之和，常用于计算体积差，也就是土石方量等。

装配：装配就是 Civil 3D 的图形对象，接近于 Revit 软件中的"族类别"、管廊设计中的"标准断面"等概念，比如一个道路的横断面就是一个装配，由很多个部件组成，这里部件就是指组成横断面的人行道、车行道等局部部件。

部件：接近于 Revit 软件中的"族类型"，Civil 3D 中预备了一些常用的部件，如车行道、人行道等系统部件，实际工作中可能不够用，那就需要用户使用部件编辑器自定义部件，以满足项目的个性需要。最简单的部件就是 CAD 中的尺寸确定，但是没有内在逻辑的线条，正式的部件应该尺寸可随主对象变化、相关参数可以调整、有内在逻辑、有信息、有材质等。

要素线：要素线是三维对象，可以用作放坡坡脚、曲面特征线以及路边基准线等，就是特别绘制要进一步开展工作的基准线。

步长：源于体育运动术语，后在道路工程中指道路桩号的间隔长度。

（3）工程实践。场地平整工程是核电站工程设计的重要环节，是制约核电现场施工建造的前置工作。我们一般采用总图专业软件 GPCADZ 进行场地平整的土石方计算工作，详细流程见第一章第五节内容，传统的土石方计算精度受方格网设置大小或断面设置间距影响较大，尤其当地形起伏变化较大时，存在一定偏差。

随着三维可视化技术的进步，相比传统基于二维图纸的方格网法，Civil 3D 软件可以基于三维地形曲面进行体积法计算土石方工程量，使施工图计算结果更精确，而且可以实现三维可视化成果展示，以下是相关工程实践。

Civil 3D 软件土石方计算流程如图 3 −6 所示。

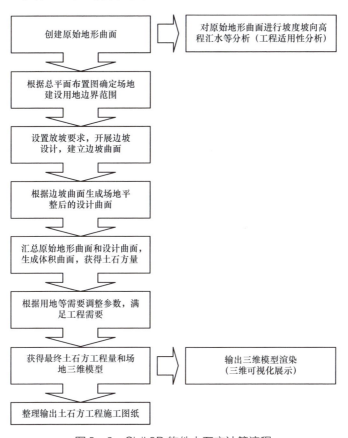

图 3 −6　Civil 3D 软件土石方计算流程

Civil 3D 的土石方计算过程是利用复合体积算法，可以较快地处理原始地形曲面和设计曲面之间的土石方量，这个计算的理念和目前主流的四点法和断面法比较，程序过程简单易行，利用曲面的概念，给人以直观立体的感觉，更方便工程师空间理解。

通过土石方计算可以看出，Civil 3D 在这方面有着独特的优势，尤其是引入曲面的概念，让工程设计人员一目了然，可以动态地去了解土方生成的演变过程，随时把握关键环节进行优化、调整，它可以把边坡土方和厂区土方联合起来进行整体平衡优化。尤其在计算精度方面，Civil 3D 无疑采用了更先进的计算模型和方法，所以更符合实际情况，功能更强大，可以实时查看三维界面，但是对计算机设备性能要求较高。Civil 3D 土石方工程三维模型如图3-7所示。

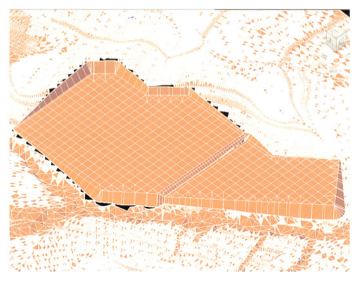

图3-7 Civil 3D 土石方工程三维模型

国外的土方软件虽然有其优势，但其操作习惯与国人不同，上手比较困难。此外，生成的方格网土方计算施工图也可能不符合总图制图标准。另外，Civil 3D 软件界面命令很多，用于计算土石方操作的命令没有集中在一个菜单下，导致在应用过程中需要不断摸索，再加上软件特有的专用术语，学习本软件门槛还是比较高。

国内类似软件有广联达的路立得软件，路立得和Civil 3D都属于道路路线设计软件，一般道路交通行业的三维数字化工作相较其他行业发展得更快。这两款软件总体上类似，建模原理也相近，细节处稍有不同，大家可以根据各自不同实际情况选择合适的软件。路立得三维地形模块如图3-8所示。

图3-8　路立得三维地形模块

3. SketchUp 软件

SketchUp 软件中文名草图大师，由@ Last Software 公司开发，2006年被谷歌公司收购，2012年4月天宝导航有限公司向谷歌公司收购了 SketchUp 软件。此软件具有软件界面简洁，操作简单易上手，软件生态圈强大等特点，几乎可以找到常见通用的各种三维模型组件（类似 Revit 软件中"族"的概念），广泛应用于建筑、规划、园林、景观、室内以及工业设计等领域，同时软件配备强大的各种二次开发插件可以实现一些特殊的三维绘图功能，其绘图习惯与 CAD 软件几乎无差别，如图3-9所示。SketchUp 软件主要定位在3D 设计软件，被设计师称为电子铅笔，你可以用这支铅笔绘制任何东西，从软件界面可以看出，除了个别插件针对具体行业如建筑、规划等，其本身自带的命令不含任何行业特点，都是基本的线、面、体绘制及编辑功能，用SketchUp 官方的口号表达就是：3D for Everyone。

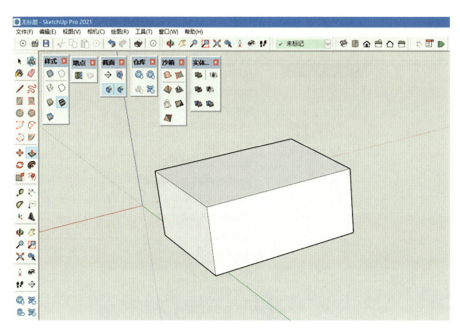

图 3 -9　SketchUp 软件界面

（1）软件功能特点。SketchUp 软件主要功能就是三维建模，是一款面向设计创作过程的软件，不需要复杂的设置和繁琐的步骤，直接使用线、面工具建立立体的三维模型，在建模的过程中边构思，边推敲设计方案，建模理念简单直接，学习成本极低，这是 SketchUp 软件最大的特色。

特点一：软件界面简洁直观，命令极少，可以随用随学，更容易表达方案设计意图。

特点二：模型族库超多，软件自带的 3D Warehouse 中有成千上万的各行各业的标准模型供免费下载使用，极大提升厂区各类车辆、变压器等设备、围栏围网、旗杆、雕塑、各种植物等通用模型的三维建模效率。

特点三：支持多种工具平台协同创作，从 Windows 系统到 Mac 系统，还有移动平板电脑都可以随时随地捕捉设计灵感，如图 3 - 10 所示。

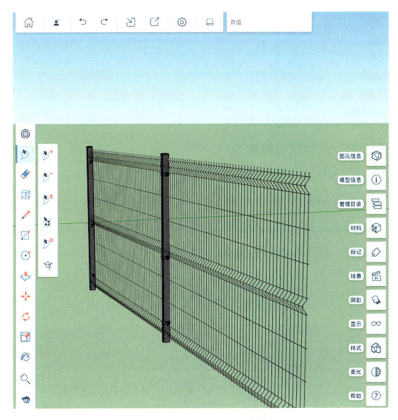

图 3-10　移动端 SketchUp 软件界面

特点四：软件开放度高，各行各业可以根据自身专业特点二次开发，实现更多定制功能。

SketchUp 提供了 Ruby 语言的 API 接口，可以在 SketchUp 控制台中，通过使用 Ruby 语言，调用公开的 API 方法来实现 SketchUp 的相关操作，包括实现总图专业相关的各类空间分析，与建筑单体的 BIM 模型的室内相关分析类似，厂区整体的 BIM 模型主要用来分析厂区整体的日照分析、风环境、消防间距分析、消防车行走操作等空间分析，如图 3-11 所示。

特点五：可出图性，软件自带的 Layout 平台可以保证二维图纸的输出。

特点六：支持文件格式众多，可以导入 3DS、DAE、DEM、CAD、IFC 等格式文件，导出 3DS、CAD、DAE、FBX、IFC、OBJ 等格式文件。

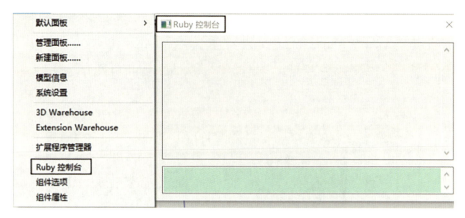

图 3 - 11 SketchUp 二次开发控制台

由于 SketchUp 软件面向设计过程，从最基本的线和面等基本要素开始建模，缺少参数化和关联性等，按照现有 BIM 技术的标准似乎很难把 SketchUp 软件归为一般意义的 BIM 类软件。前文讨论过，BIM 技术在各行各业应用时被赋予了各种标准和意义，常常有人提出 BIM 应该是这样或那样的言论，这时候大家忘记一个初衷，那就是技术本身是用来解决实际问题的，各个专业有自身的业务和技术特点，只要选择一款适合自己专业的软件，可以解决专业问题就是好的软件。

在数字化工作中，如果无法达到那些高级的参数化和关联性等要求，那就先回归 BIM 最初的本原，就是先把总平面布置图变成三维立体的，让大家先看到一个立体的厂区三维模型，可以直观地理解厂区的规划空间。进一步，我们可以先把核电站厂区布置相关工程信息变成统一的数据库，放入厂区三维模型中，满足各种深层次的沟通管理需求等。

（2）软件应用实践。一般情况，核电站厂区内总图专业需要三维建模的物项不多，只有场地边坡和道路设施等少量室外工程，厂区其他多数建构筑物、设备罐体等设施的三维模型都是其他专业建好模型，提资总图专业汇总的。但是在实际工程中往往不能收集完整厂区所有建构筑物的三维模型，原因主要是有的专业未开展三维建模工作、有的建构筑物还未开展设计等，各种原因都有，遇到这些情况，为了尽早构建起全厂范围的三维立体环境，总图专业需要摸索出适合自身专业特点，可以迅速建立各种建构筑物、设备罐体等设施三维模型的方法。

由于 SketchUp 软件朴素的建模理念，我们可以用软件建立绝大多数规则体的三维模型，并在实践中形成一套固定的工作流程（详见第四节），保证模型质量，可以达到工程设计各个阶段对模型的不同深度要求。总图专业的厂区三维建模的最小基本单元（对应 Revit 中的基本构件）是一栋房子、一个水罐、一段吊装轨道基础等独立设施单元，因为总平面规划布置的对象就是这些物项，下面介绍一段轨道基础在各个设计阶段的建模过程和深度。

方案设计阶段：项目初期确定增加设置该设施时，其工程信息可能只有长宽高轮廓尺寸，这个阶段三维模型是只有长宽高尺寸的体块；属性信息可以记录该设施设置的必要性描述，功能描述及其长宽高尺寸等已有信息。其模型示例如图 3 – 12（a）所示。

初步设计阶段：随着建构筑物初步设计开展，更多设计信息开始明确，并用于三维模型的细化，轨道的外观尺寸开始细化，并出现了混凝土材质；图纸版本信息、设计单位等相关信息也不断地累积到模型的属性信息中。其模型示例如图 3 – 12（b）所示。

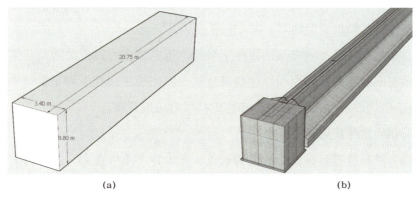

(a)　　　　　　　　　　　　　　　　(b)

图 3 – 12　方案阶段和初步设计阶段模型示例
(a) 方案阶段；(b) 初步设计阶段

施工图设计阶段：施工图设计阶段图纸设计信息齐全，其三维模型尺寸最详细，包括增加轨道顶部的铁轨，细化了轨道梁尺寸和细部轮廓，并且根据厂区现场实际地质情况增加了基础设施；属性信息也把混凝土标号、基础形式等信息逐渐完善。其模型示例如图 3 – 13 所示。

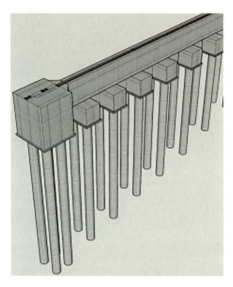

图 3 –13　施工图设计阶段模型示例

竣工图阶段：现场施工建造中，很多设计变更反馈并落实到模型中，最终得到竣工模型，同时还补充轨道基础周边的其他管沟廊道，完善设施真实现场环境；属性信息增加竣工时间、施工单位等过程信息，模型被用于交付业主运维。其模型示例如图 3 – 14 所示。

整个过程中最大的难点是各种反馈修改意见和各阶段持续增加的工程信息需要被不断地更新到模型，这些信息从上游完整传递到下游是最难的，因为目前还没有一套机制保证这项工作的持续有效地开展。

4. BIM 软件常见应用组合

每一款软件都有自己的特点和长处，在设计中不可能用一款软件完成所有的工作，应该发挥每一款软件的特长，以提高数字化设计效率，所以完成一个核电工程数字化项目实际上需要几款软件共同协作完成，随着实践应用增多形成了不同的工作流派。

（1）Civil 3D + SketchUp→Infraworks。Infraworks 软件适用于前期道路、边坡、场地、桥梁等基础设施和涵洞、排水管网等市政设施的方案设计，而且

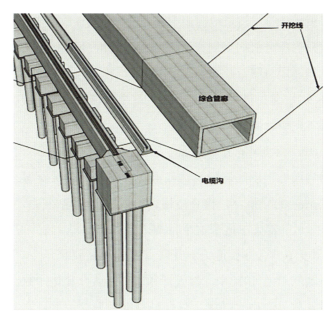

图3-14 竣工图设计阶段模型示例

有完善的基础设施标准模型库。这里强调前期的意思是 Infraworks 软件的模型并不精细，仅适合项目前期方案阶段，在初步设计和施工图设计中就稍显不足，这也是 Infraworks 软件对自身的定位。Infraworks 软件另外的功能是数据整合，可以整合 Civil 3D 和 SketchUp 的三维模型，还可以使用软件的故事汇功能进行三维可视化数据展示，用于各类核电项目前期汇报演示，最后软件还可以进行比较粗略的洪水淹没模拟分析，交通车辆流线分析等。

结合前文卫星影像地图章节对 Infraworks 软件的介绍，我们对 Infraworks 软件主要定位于核电工程前期应用，可作为工程前期三维设计的主要软件，负责建立大范围卫星地图和小范围的精准地形相结合的真实工程环境，并在此基础上开展场地平整粗平和细平（可通过 Civil 3D 软件实现平整场地的精细化建模），同时可以汇总厂区所有建构筑物、道路以及主要大型管廊管线、桥梁、隧道的 SketchUp 模型，开展视距分析（分析道路和交叉口的视距，以识别盲点或视线障碍区）、交通和移动模拟（使用多模态仿真分析交通流量）等，同时可以整合 50 多种文件格式（包括 AutoCAD、Revit、IFC 等），最终可以生成包含一系列重要工程节点图片或动态视频路径的介绍视频，通过特定的视觉效果展示设计，清晰地向业主表达设计意图。

所以，在核电项目前期规划布置工作中，Infraworks + Civil 3D + SketchUp 的工作模式比较适用总图专业的工作特点。

（2）Civil 3D + SketchUp→Navisworks。这个工作模式更适合总图专业进入初步设计和施工图设计阶段时使用。

当 Civil 3D 和 SketchUp 分别完成了各自擅长的原始地形、平整场地及其边坡挡墙截洪沟设施、厂区建构筑物和道路等设施的三维模型，需要一个平台将两种格式数据汇总整合，检查碰撞，形成厂区完整的三维精细化模型。Civil 3D 和 SketchUp 都无法达到这个目的，但 Navisworks 软件可以做到。Navisworks 软件本身不具备建模能力，其官方宣传功能就是："三维模型审阅、协调和冲突检测"，"在 BIM 中连接设计和施工团队并简化冲突检测和协调"，也就是说这一款软件有两大功能，一个是检查碰撞，一个是施工模拟，展开说就是把众多格式的各种来源的三维模型（包括 Revit、Civil 3D、SketchUp 等 BIM 模型，包括激光点云模型等）整合在软件中检测冲突、协调模型、渲染动画、施工进度模拟，而且能够流畅的运行各种大体量的模型。

类似功能的国内软件有鸿城 CIM 平台等，鸿城是一款数据集成管理系统，可以将城市基础设施和建筑数据一体化管理，可实现城市级 BIM 模型数据、室外管网数据的集成展示，实现桌面端数据管理和网页端数据应用一体化，兼容的数据格式也很多，有各类影像、地形、探测、DEM、BIM、DWG、点云、OSGB、MAX 等数据格式。

5. 结论分析

目前的三维建模 BIM 类软件大部分适用建筑单体，有的适用公路或城市道路交通设施，还有的适用地形地质模型等领域，还没有一款专门针对核电站总平面设计的三维建模软件，其主要原因是总图专业的工作从厂址选择到总体规划，到场地平整，还有总平面布置和管线管廊设施综合，任务类型多样，而且主要侧重规划管理协调，需要设计的物项只有厂区道路等少量室外工程设施，所以无法针对特定的业务定制软件功能，毕竟市场需求量太小，定制和维护的费用都会很高，我们只能选择现有业务相近的软件平台，摸索出符合本专业工作流程的工具组合。

后续随着软件国产化的推进，国内的软件体系也在不断发展和完善，像广联达 BIM 系列软件，众智的 CityPlan，鲁班的城市之眼等国产软件，找到符合专业自身特点的软件才是重点。我们应该坚持一个原则，以解决实际问题为目标，本专业的数字化工作重点不应放在日新月异的软件上，更重要的是从数据角度重新审视我们的现有设计流程，将用数字化思考问题的方法融入专业的各项工作，同时关注各个阶段工程模型和数据信息的积累。

尽管 BIM 技术早已有之，新软件平台层出不穷，国家力推 BIM 技术，但是 BIM 技术的推广却举步维艰，具体原因很多，其中一个主要原因就是模型数据问题，更多人把眼光放在软件上，却不关注精细而准确的数据，高质量的模型，不挖掘数据给各个环节带来的好处，BIM 技术是停留在软件热度期，还是数据深耕期，各家冷暖各家知。

三、 BIM 相关技术要求

1. 信息互用性

信息是 BIM 的核心，BIM 模型中包含了大量工程信息，高效率的信息互用是 BIM 发挥其作用的价值所在，可以分为 BIM 模型在众多工程参与方之间、全生命周期不同阶段之间、不同软件平台之间进行流转互用，其中不同软件之间的数据交互可以分为仅能图形交互、图形和信息都可以交互，以及可以实现数据双向交互等情况。

谈到数据交互不得不提到 IFC（industry foundation class，IFC）可以作为一个数据转换的中转站，是目前建筑行业广泛认可的国际性公共产品数据模型格式标准，凡是有志于逐鹿 BIM 领域的软件商均宣布可以支持 IFC 格式文件。IFC 是针对建筑工程特性，专为 BIM 技术制定的数据交换标准，主要用于定义建筑信息可扩展的统一数据格式，以便在各个层面之间数据交互，其自身架构分为四个层面：领域层、共享层、核心层、资源层，IFC 体系本身比较复杂，这里不做进一步展开，只要理解 IFC 实际上并不是一种文件格式，而是一种数据交换的标准或规则，通过这个标准可以定义软件中数据的描述和继承关系，形成一个 IFC 文件，文件包含了建筑设施的几何形状、材料、明细表及其数量和空间关系等信息，不只使用 BIM 软件才能打开这个文件，还有其他简单的文本编辑器也可以打开 IFC 文件。IFC 产生于 1994 年，从 1997 年开始发布 1.0 直到 IFC 2X4 版本，其适用范围从建筑工程逐渐扩展到土石方工程、道路工程等范围。

在数据交互过程中，IFC 只是一种通用的中间形式，各个 BIM 软件也在努力兼容更多类型格式数据，不需要通过 IFC 中转就可以彼此之间导入导出。

2. BIM 模型详细等级

一般使用 LOD（Level of Detail）水平来衡量 BIM 模型中构件的精度，BIM 构件的详细等级可以随着项目的发展，从概念到精确不断发展，详细等级共分为 5 级，LOD100 代表概念性，LOD200 代表近似几何，LOD300 代表精确几何，LOD400 代表加工制造，LOD500 代表建成竣工。

（1）LOD100：概念设计，用于一般规划、概念设计阶段。包含工程项目基本的体量信息（例如长、宽、高、体积、位置等），适用于总体规划和分析。

（2）LOD200：近似构件，用于方案及扩初设计阶段。此阶段模型包括建筑物近似的数量、大小、形状、位置和方向，常用于建筑结构性能的分析及机电性能分析。

（3）LOD300：精准构件，用于施工图及深化设计阶段，包含了精确数据（例如尺寸、位置、方向等信息），可以进行较为详细的分析及模拟（如碰撞检查、施工模拟等）。

（4）LOD400：加工与安装，主要为承建商和制造商提供了所需的信息，包括完整的制造、加工、细部施工、设备系统安装等所有的信息。

（5）LOD500：竣工模型，一般为竣工后的模型。包含了建筑项目在竣工后的数据信息，如实际尺寸、数量、位置、方向等。该模型可以直接交给业主作为运营维护的依据。

3. BIM 编码

BIM 编码是 BIM 模型在管理和数据交换过程中制定的一套编码规则，用于标准化建筑单体相关组成构件的分类、参数、属性等信息。简单讲，建筑单体三维模型由门窗墙等构件组成，编码就是为它们起名字，不能重复，以后大家交流都按照这个名字来沟通。

把 BIM 编码技术概念引申到核电厂区总平面布置三维设计中，我们每个建构筑物子项都有编码，也叫子项号，这个编码保证了厂区建构筑物子项命名的唯一性、可扩展性、合理性、稳定性、规范性，也是电厂标识系统的重要组成部分。电厂标识系统是指对电厂中各种对象按照其内在联系进行统一分类、统一编码、统一标识的过程和方法，使各种对象的相关信息在电厂的整个生命周期内都具有唯一的标识。电厂标识系统在电厂的建设过程以及运行维护过程中都发挥着重要的作用，尤其通过建立电厂内一对一的物理对象和编码，可以使设计阶段产生的大量信息贯穿电厂的整个生命周期，并为数字化移交奠定基础，还可以通过对电厂物理对象的唯一标识，实现更为精确的设计和采购，减少工程建设过程中设备和材料的浪费，同时也是电厂精细化管理的必不可少的基础。国际上几种主流的电厂标识系统为英国 CCC 公共核心编码、法国 EDF 编码标准和欧洲 KKS 电厂标识系统。一般电厂标识系统分为"工艺相关标识"，"安装点标识"和"位置标识"三类编码来标识电厂的机组、系统、设备和部件。其中"位置标识"就是标识厂区范围内某栋建构筑物，以及建构筑物中某楼层和某房间，及其消防区内的所有位置，位置标识工作第一要务就是首先要确定厂区所有建构筑物的子项编码（或称子项号，子项代码等）。

现有 BIM 技术的编码体系不适用总图专业对厂区建构筑物设施的管理和模型互用需求，需要在厂区三维建模以及专用族库的推进中，结合电厂建构筑物标识系统，不断总结和完善，形成适用本专业的编码体系，如我们在数字化实践中对每栋建构筑物的族库命名规则是"项目号 + 子项号 + 子项名称"，这一编码将从模型产生开始，经历设计、施工、运维，一直沿用至建构筑物拆除，虽然模型在不断更新，属性信息在不断变化，但是这个编码代表的这栋房子或水池，一直不变。

4. BIM 相关标准规范

BIM 技术在城市一般工业与民用建设工程中应用较广，同时在各个层面的共同推动下，逐渐总结经验，形成各种规范，包括总体性标准、模型分类和编码体系相关规定、施工中 BIM 应用的规定、成果交付的相关规定、制图要求等，几个主要的规范如下：

（1）《建筑信息模型应用统一标准》（GB/T 51212—2016）。

（2）《建筑信息模型分类和编码标准》（GB/T 51269—2017）。

（3）《建筑信息模型施工应用标准》（GB/T 51235—2017）。

（4）《建筑信息模型设计交付标准》（GB/T 51301—2018）。

（5）《建筑工程设计信息模型制图标准》（JGJ/T 448—2018）。

（6）《制造工业工程设计信息模型应用标准》（GB/T 51362—2019）。

四、 OpenBIM 理念： 散装 BIM

BIM 的技术理念从 20 世纪 70 年代被提出直到现在，在不同的行业，不同软件商的视角，演化出不同的概念，就像 Autodesk 公司和图软公司的 BIM 理念之争。Autodesk 公司提倡全能型产品，覆盖建筑工程的建筑、结构、机电几乎所有专业，详细描述见前文；图软公司则主张专心做好建筑单体的 BIM 设计，努力成为"最快的 BIM 软件"，并提倡 OpenBIM 理念，建立与结构的 Tekla 软件，与擅长曲面异构的犀牛（Rhino），与机电建模的 MagiCAD 等建立良好的数据交互通道，全力支持 IFC，以自身为中心，与不同专业软件共同构建 BIM 完整生态圈。

两个公司，两种理念，一个侧重整合、一个侧重专注。BIM 理念在不断地创新和变革，我们不应该被现有的 BIM 理念束缚，认为 BIM 是这个不是那个的，应该秉持一种开放的态度，BIM 是可以被任何人用来做任何事情的，关键是能解决实际工作问题，对自己的工作有益就是好 BIM。

与 OpenBIM 类似，在更大地理或行业领域内我们提倡一种散装 BIM 的理念。从一般意义的 BIM，到 OpenBIM，再到散装 BIM，是 BIM 理念在建筑设计、建筑工程或市政基础设施设计、城市规划或者区域规划层面的不同应用。

具体讲，散装 BIM 是指将 BIM 技术应用于大规模、复杂的基础设施项目，或城市规划，或大型核电厂区的一种方法。与传统的 BIM 应用于单个建筑项目不同，散装 BIM 旨在整合多个建筑项目或基础设施项目的信息，以实现更高级别的规划和管理。

散装 BIM 的主要特点包括：

数据整合：散装 BIM 将多个建筑项目或基础设施项目的信息整合到一个统一的模型中，以便进行综合分析和决策。

协同工作：散装 BIM 促进了不同项目参与者之间的协同工作和信息共享，提高了项目的效率和质量。

规划和管理：散装 BIM 可以用于城市规划、土地利用规划、交通规划等大规模项目的规划和管理，帮助决策者做出更准确的决策。

可视化展示：散装 BIM 可以生成三维模型和可视化效果图，帮助决策者和利益相关者更好地理解和评估项目。

五、 散装 BIM 理念应用介绍

BIM 技术的应用更侧重于厂区单体对象的三维建模，在更大地理范围内的三维建模技术还有城市三维建模技术、景观三维建模技术等，是 BIM 这一理念在城市范围以及风景园林行业的扩展应用（即散装 BIM 理念），不同行业之间的应用理念类似但又有各自行业的特色，针对核电站厂区全厂范围的三维建模工作，城市三维建模技术更适合总图专业，下面重点介绍下城市三维建模技术相关内容。

1. 概述

城市三维建模技术主要是针对大范围的三维建模技术，成果是城市三维模型，即包括了城市的地形地貌、地上地下人工建构筑物等设施的三维表达，反映对象的空间位置、几何形态、纹理、属性等信息，模型主要有地形模型、建筑模型、道路交通模、管线模型、植被模型以及其他模型等。

（1）地形模型：主要指地面起伏的三维模型，包括了山地、丘陵、平原、河流等，主要通过卫星影像等形式获取 DEM 地形模型，或者由 1∶500 的测绘地形图建立不规则三角网地形模型，或者实景扫描获取。

（2）建筑模型：通过测量或设计数据制作的建筑三维模型，根据不同精度要求，可以直接通过地形图中的建筑尺寸拉三维体块，或者通过详细的建筑图纸建立详细的三维模型，反映建筑的屋顶形式、阳台、窗、门、台阶、坡道等附属设施。

（3）道路交通模型：通过测量或设计资料制作的道路桥梁及其附属设施的三维模型，根据不同精度要求逐步建立道路中心线、道路路面、道路附属设施等模型。

（4）管线模型：通过测量或设计资料制作的管线三维模型，根据不同精度要求逐步建立管线中心线、管线体、沿线管点等设施的详细三维模型。

（5）植被模型：通过测量或设计资料制作的植被三维模型，根据不同精度要求逐步采用符号表示植被分布范围、单片或者十字片等几何模型表达植物，体现植物的分布范围、高度信息、形态、树种等信息。

（6）其他模型：包括雕塑、宣传栏、LED电子显示屏等室外设施，根据不同精度要求逐步反映模型的底部占地范围、外形尺寸、细节造型等信息。

总结城市三维建模技术建模手段主要有两种，一种是通过各种测量、测绘技术（如卫星遥感、倾斜摄影、激光点云等技术）获取的现状模型，另一种通过设计图纸资料自行建立的三维模型。这里需要关注，实际工程中可以根据不同阶段需要建立由粗到细的模型，并非只有一种精度的三维模型，可详见表3-1的模型精度要求。图3-15所示为不同模型精度的植物。

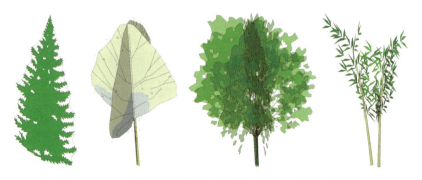

图3-15 不同模型精度的植物（单片、十字、多面、立体）

2. 模型精度要求

由于表达对象不同，所以城市三维建模技术与 BIM 模型详细等级不同，城市三维建模技术的模型精度细节层次技术要求见表 3 – 1。

表 3 – 1　　　　　　　　　　城市三维建模精度

模型类型	LOD1	LOD2	LOD3	LOD4
场地地形模型	DEM	DEM + DOM	高精度 DEM + 高精度 DOM	精细模型
建构筑物模型	体块模型	基础模型	标准模型	精细模型
道路广场模型	道路中心线	道路面	道路面 + 附属设施	精细模型
管线模型	管线中心线	管线体	管线体 + 附属管点设施	精细模型
绿化景观模型	通用符号	基础模型	标准模型	精细模型
其他设施模型	通用符号	基础模型	标准模型	精细模型

其他更多要求见下面的规范详细说明。

3. 相关规范介绍

《城市三维建模技术规范》是针对城市三维建模技术的详细要求，是城市规划、建设、运营、管理以及数字城市建设的重要技术支持。

《城市三维建模技术规范》共分为 9 章，包括总则、术语和代号、基本规定（描述建立模型的种类、精度细节要求、模型技术要求、质量要求及关于模型的相关说明）、建模单元划分与模型命名（描述模型的管理要求、命名规则）、数据采集与处理（描述在数据采集时应满足的模型空间定位和几何尺寸要求、纹理数据相关要求、属性数据要求）、三维模型制作（对地形、建筑、交通、管线、植被等模型的表达内容，精度等提出要求）、检查验收（汇总相关模型数据时的质量检查步骤和具体质量要求）、数据的集成与管理（收到的数据如何组织存储，数据格式要求，数据的集成管理要求等）、数据更新与维护（数据发生变化时如何更新及更新方法和数据备份要求等），最后还对所有设施的属性表内容提出要求，如属性描述、字段长度等。

结合总图专业工作特点理解，相比 BIM 相关规范，本规范覆盖设施更齐全，涵盖了总平面布置的所有对象，对总平面设计三维建模工作具有更强的指导性。

第二节　实景三维技术

上一节主要讲运用 BIM 技术开展人工三维建模的过程，但是随着数字化设计的深入和实际工程项目的开展，大家对三维模型的真实性要求越来越高，单靠人工建模已无法真实的模拟现实中已经建成的构件细节和表面纹理等，再详细的 BIM 模型也无法真实表达现实世界的无限细节；同时考虑到建构筑物等室外设施的竣工状态与设计中表达的状态有很多细节上的差别，所以，为了满足建构筑物设施建成后的改造维护等管理需求，我们采用逆向三维建模技术真实还原建构筑物的现状，即实景三维技术。实景三维技术源于测绘行业，最近几年伴随着泛在测绘（是指利用无线通信、互联网、卫星导航等技术手段，实现地理信息的实时获取、处理、传输和共享，以满足社会各行业对地理信息的需求）的发展，实景三维技术在其他行业的应用越来越多，核电行业主要侧重在厂区运行技术服务项目中应用。

根据 2021 年自然资源部发布的《新型基础测绘与实景三维中国建设技术文件 –1 名词解释》中，首次对实景三维作为专有名词术语进行了科学定义，即"实景三维（3D real scene）对一定范围内人类生产、生活和生态空间进行真实、立体、时序化反映和表达的数字空间，是新型基础测绘的标准化产品，是国家重要的新型基础设施，为经济社会发展和各部门信息化提供统一的空间基底"。这里提到的生产设施主要指工业厂房、仓库等设施，生活设施主要指居住区、办公设施等，生态空间主要指林地、河流、山体等，是为了研究自然生态环境的变化。概念中提到的真实主要指反映已有设施的真实状态，不是未实施的设计状态，立体是指实景三维模型是三维立体的，不是二维平面的，时序化主要指已建设施的全生命周期内，在不同时间点有不同状态，在不同时间点建构筑物设施的空间几何形状、表面纹理，甚至是否扩建或者拆除等状态都会发生变化。这里提到"国家重要的新型基础设施"概念，其实在核电站数字化建设过程中，实景三维模型也可以作为核电站的新型数字基础设施。

一、 实景三维技术概述

实景三维技术是一种将真实世界的场景以三维形式呈现的技术。它通过使用计算机图形学和计算机视觉等技术，将真实世界的场景进行数字化处理，生成具有逼真感的三维模型。

实景三维技术可以应用于多个领域，例如游戏开发、建筑设计、城市规划、医学仿真等，在规划设计行业中，实景三维技术可以帮助规划设计人员更好地理解设计作品所在的原有自然环境和工程环境，以便新设计的作品能够融入原有环境，成为原有系统的有机组成部分。

1. 实景三维技术分级

在实际工程项目中，按照实景三维需要表达的内容和层级，从宏观到微观依次为地形级、城市级和部件级。

（1）地形级：地形级范围最大，属于宏观尺度上对大范围地形数据和模型的描述，精度一般以米为单位，可用于核电站厂址选择和厂址层面的总体规划工作，主要表达形式以数字高程模型（DEM）、数字正射影像（DOM）等为主，配合卫星影像地图，真实反映区域范围内的真实地形地貌，具体可参照图 2 - 5 遥感影像结合 DEM 实例，详细描述参见第二章相关内容，此处不再展开描述。

（2）城市级：在核电行业应用时，核电厂区的用地范围从 4 ~ 5km² 到几十公顷不等，属于中观尺度，可以参照城市级实景三维技术的做法。精度一般可精确到厘米，可精细化表达核电站厂区范围的地形地貌、建构筑物、道路广场、植被水系等设施，可用于厂区总平面布置相关改造运维服务，常采用倾斜摄影技术或激光点云技术，本小节重点展开介绍城市级的相关实景三维技术。

（3）部件级：部件级属于微观尺度范围，精度从厘米到毫米不等，与厂区单个建筑物、构筑物、设备等单体相对应，可根据需要，精细化表达每个单体的部件细节，如外墙门窗位置、防火墙分布、台阶坡道等构件设施，一般通过 BIM 模型在运维环节的应用来实现，具体详见上一节内容。

关于较小的部件级实景三维模型，现在市场上有很多手机 App 就可以随时随地获取，如消防栓、垃圾桶、交通锥等室外设施。常见 App 有 3d scanner、SiteScape、Luma 等，具体见图 3-16 所示的 3d scanner 扫描实景三维模型，模型结构是 TIN 形式。

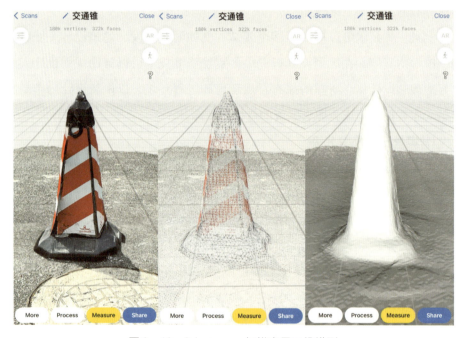

图 3-16 3d scanner 扫描实景三维模型

3d scanner App 主要是利用手机上的激光雷达传感器，对较小的构件、设备进行扫描，获得想要的实景三维模型，可进行简单的模型编辑，可导出为 DAE、OBJ、FBX、STL、GLTF、GLB 等格式三维模型以及点云模型，使用 GIS 软件平台和 SketchUp 软件都可以打开，可作为厂区大环境实景三维模型的补充。

手机 3d scanner 软件有五种模式可供选择，Lidar（激光雷达模式）、Lidar Advanced（高级激光雷达模式）、Point Cloud（点云模式）、True Depth（深度仿真模式）和 RoomPlan（房间平面模式），一般建立实景三维模型常用高级激光雷达模式，具体操作很简单，就是点击开始按钮后，等待物体变色后表示建模完成，就可以缓慢移动手机，覆盖想要的范围即可。缺点是不能扫描太大的物体，一般像交通锥、垃圾桶大小的物体是理想对象。扫描完成后，选择要成像的精度，然后开始赋予真实材质，最终完成建模。

2. 实景三维模型表达方式

实景三维模型的表达方式有 Mesh（格网）、Point Cloud（点云）和 Voxel（体素）。格网很容易理解，就是使用很多的三角形或多边形格网模拟物体表面形状，其中以不规则三角网最常用，本节倾斜摄影模型就是使用这种方式；点云顾名思义，就是使用很多很多的点模拟物体表面形状，详细可参见本节激光点云相关内容；体素比较难以理解，比如一张照片是由一个个的像素组成，那么三维模型如果由一个个的立体像素组成，大家就容易理解了，有点类似一款像素风格游戏"我的世界"中对物体的表达方式，超图公司的 GIS软件就可以使用体元模型来模拟现实世界的各种虚拟的场，如手机基站的信号场，污染物在大气中扩散的空间场等，都是使用小方格描述一个立体物项。图 3-17 所示为体素模型表示方法。

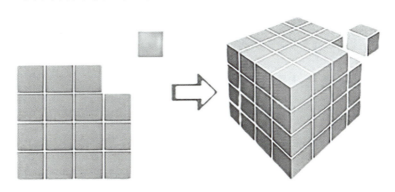

图 3-17　体素模型表示方法

除了上述三种常见技术，最近两年出现一种类似云和雾表达方式的三维重建技术，神经辐射场（NeRF），NeRF 技术不同于格网等技术，是一种新颖的视图合成方法。NeRF 是一种用于生成逼真三维场景的计算机图形技术，它基于神经网络模型，通过学习从 2D 图像到 3D 场景的映射关系，可以生成高度逼真的三维场景，被广泛用于虚拟现实、增强现实、物体三维表面提取、城市规模的三维表达等方面，比格网等其他技术更加逼真。上文讲到的 APP 软件 Luma 的核心技术就是 NeRF。图 3 – 18 所示为 Luma 三维实景建模样例。

图 3 –18　Luma 三维实景建模样例

我们在实景三维技术的实际工程应用中，最常见的是倾斜摄影和激光点云实景三维建模技术，分别介绍如下。

二、 倾斜摄影实景三维建模

倾斜摄影是近年发展起来的高新技术。该技术通过飞行器从一个垂直、四个倾斜，五个不同视角同步采集影像，获取到丰富的建筑物顶面及侧视的高分辨率纹理。不仅能真实地反映地物情况，还可通过先进的定位、融合、建模等技术生成真实的城市或者厂区三维模型。它以覆盖范围广、分辨率高的方式全面感知现实场景，具有真实反映建筑形状、建筑特征等现状和楼层高度等信息，获取模型周期短，是城市和大型工业厂区三维建模的主流趋势。

在倾斜摄影数据获取方面，一般采用无人机搭载数字航空倾斜摄影仪器对地面建构筑物进行航空摄影作业，获取建构筑物前、后、左、右和顶部的真实影像照片，然后通过专业软件建立厘米级高分辨率三维实景模型，模型具有更加真实的建筑物纹理信息。在地面影像获取方面，采用车联网系统近景摄影测量系统可获取建构筑物的地面影像，地面影像可以有效补充天空中无人机的拍摄死角，使底层或者挑空层模型更加精细。

整个建模过程简单讲就是拍照建模，在测绘行业里称为倾斜摄影，在计算机领域则称为基于图形的三维重建技术，也就是用照相机绕着一个物体或者场景拍很多照片，导入到专业软件中进行计算，生成一个实景三维模型。

倾斜摄影技术始于第一次世界大战期间，当时为了能让指挥官了解敌对方的战场地形，常常会派侦察机飞到敌人的战地拍一些照片，但是受限于当时摄影技术，飞行员需要把飞机飞到敌人头顶很低才能拍清楚，为了不被敌人打下来，于是飞行员只能远远地斜着拍照采集战场信息，从这个时候开始，人们开始慢慢思考，如何用斜着拍的照片，拼凑出目标场地的真实地形，即三维地形的重建。技术在不断的进步和更新迭代，基于图像的三维重建技术也不断发展，同时，结合无人机技术、照相机技术、定位技术以及相关软件技术的跨界融合，才逐渐形成了现在的倾斜摄影实景三维建模技术。

1. 倾斜摄影实景三维建模过程

在实际工程项目中，首先要确定建模的厂区范围，然后使用无人机采集厂区范围内的照片影像，并对影像进行处理，最后使用特定的软件建立厂区指定范围的实景三维模型，这阶段称之为三维化阶段，属于实景三维技术的初级产品形态，主要应用于可视化展示，可进行少量的整体趋势性空间分析。

按照测绘行业表达，本阶段厂区三维模型还属于地理场景类数据，所谓地理场景是指承载地理实体的连续空间范围内"一张皮"的表达，类似的场景数据有 DOM、TDOM、DSM、DEM，以及本节介绍的倾斜摄影三维实景模型。这个时候场景数据是一个整体，其中的建构筑物、道路、场地、山体、水体等是一个连续的，未单体化表达的数据模型，是由大量点线面矢量数据或者光栅小格子组成。

进一步，以上述地理场景数据为基础，围绕主要的建构筑物进行单体化，得到想要的单独地理实体。将现实世界的建构筑物设施分门别类，根据项目需要，从地理场景这张"皮"上切割下来，形成一栋栋独立的，可单独选择的建构筑物实景三维模型，方便对单体化后的建构筑物进行更加详细的描述，例如可以结合目标子项的工程信息数据库，将我们关注的工程信息赋予每个建构筑物。本阶段成果属于实景三维模型的深加工产品，主要应用于厂区地理实体（也就是单体化后的建构筑物）的空间分析、统计、查询等工作。

这里提到的"单体化"工作，是指每一个我们想要单独管理的对象，是一个个单独的、可以被选中的地物实体，即用鼠标点击时可以显示为不同颜色（称为"高亮"），可以附加属性，可以被查询统计等等。只有具备了"单体化"的能力，数据才可以被管理，而不仅仅是被用来看。

单体化的对象不局限于建构筑物等地物实体，也可以是有管控需要，查询统计需要的一个路灯杆、一棵古树名木，甚至是一片区域，如三废区、仓储区、厂前区等等，这里称作地理单元，具体要看项目需要。

2. 常见软件

当无人机采集完照片，使用软件建立实景三维模型时，一般使用 Bentley 公司的 Context Capture（一般叫 CC）和国内的重建大师、大疆智图等软件，属于模型生产过程（一般叫内业）中使用的软件，本书不做详细介绍。下来主要介绍几款浏览和编辑软件，在实景三维模型的实际应用中可能用到。

平时比较常用的是武汉大势智慧的实景三维模型浏览器（DasViewer），软件可以轻便地打开浏览实景三维 OSGB 格式的文件，进行各种标注、测量、土方估算、模型裁剪、正射图等成果输出操作；还有倾斜伴侣（OSGBLab），可以实现对 OSGB 模型的浏览查询（如长度、体积和坐标等）、坐标高程转换、各种数据格式转换、正射图输出、模型裁剪、去除悬浮物、轻量化等操作。另外专门用于模型编辑的软件还有武汉天际航公司的 DP - Modeler 和武汉大势智慧的模方等软件，这些软件主要用于模型的数据处理，模型编辑等工作。

后续随着倾斜摄影实景三维模型在工程中的深入应用，我们会进一步研究上述软件的用法。

3. 模型获取常见风险及应对

由于倾斜摄影实景三维模型一般使用无人机飞到核电站厂区上空，获取需要的影像数据，考虑到核电站的特殊性，在模型获取过程中要重点关注无人机的飞行安全，对可能存在的风险要从数字化项目管理的角度进行管控。比较常见的无人机飞行风险以及应对措施如下。

（1）无人机电池容易发生鼓包现象，影响无人机正常安全飞行，在电池运输过程中注意防护，避免物理撞击。

（2）关注厂区存在高大山体、高压线铁塔等，会对航飞安全有影响，注意合理规划航线。

（3）关注飞行过程中恶劣天气对无人机正常飞行的影响，要提前查询天气预报，避开阴雨、大风等不良天气，最理想天气是多云，光线以漫反射为主，也不宜太阳光太强烈，会产生较多的阴影，飞行过程中突遇不良天气应尽快返回安全地点。

4. 倾斜摄影实景三维的数据格式

无人机获取现场影像数据后，开始使用 CC 等软件跑模型，模型满足要求后，就可以从 CC 软件中导出实景三维模型。导出的模型数据格式一般为 OS-GB 格式、OBJ 格式、FBX 格式、STL 格式、3Dtiles 格式等，具体根据模型后续的应用领域确定，下面简单介绍几种数据格式的基本知识。

OSGB 格式是国际通用三维场景格式，数据的组织结构如下：Data 文件夹为根目录，Data 目录同级放置一个 metadata.xml 文件，用来记录模型的位置信息。Data 目录下包含很多子目录（命名如 Tile＿150＿026），每个子目录为一个根块，每个根块是一个树形结构，是一个 LOD 层级结构。简单理解，每一个 osgb 文件就是一个三维切片。其中，metadata.xml 是指描述数据的数据，即元数据信息文件。倾斜摄影数据在生产的时候就已经制定好数据的坐标系信息和中心点的坐标值等，这些信息都存放在这个 xml 文件中。此类数据的特点是文件碎、数量多、体积大，很难高效地进行网络发布，这也导致它在应用方面受到很多限制。一般主流的 web 三维引擎都不支持直接加载 osgb，需要转换成 OBJ、FBX、3Dtiles 等格式才可以应用。

OBJ 文件很多三维软件都支持，所以 OBJ 逐渐成为了不同格式文件转换的媒介，经常用于 3D 软件模型之间的数据交互，亦可导入到 3dsMax 软件进行修模。目前几乎所有知名的 3D 软件都支持 OBJ 文件的读写，比如 3dsMax、blender、maya。现在主流的 web 三维引擎也支持 OBJ 的直接加载，比如 Three. js、UE4、Unity3D 等。

FBX 经常为游戏开发者和动画师经常使用，是一种通用模型格式，和 OBJ 一样也是很好的一种数据交互方案，支持所有主要的三维数据元素以及二维、音频和视频媒体元素，包含了动画、材质特性等信息，贴图以及坐标信息也可以存入 FBX 文件中。利用 Autodesk FBX 转换器可以将 OBJ、DXF、3DS 和 DAE 文件转换为 FBX 格式。

STL 格式是在计算机图形应用系统中用于表示三角形网格的一种文件格式，也就是用三角形表示实体的一种文件格式，STL 是一个非常简单的格式，只有简单的点、线、面、体等元素。由于其格式简单，只能描述三维物体的几何信息，不支持颜色、材质等信息，所以应用很广泛，比如 3D 打印和计算机辅助制造等方面都在广泛使用，是三维打印机支持的最常见文件格式。

3DS 格式可用 3dsMax 建模软件打开，3DS 格式存储了 3D 对象的所有重要信息，除了模型之外，还包括网格数据、材质属性、位图参考、平滑组数据、视口配置、摄影机位置和照明信息。

3D Tiles 是 Cesium 于 2016 年 3 月定义的一种三维模型瓦片数据格式，目前已经是 OGC 标准之一，是一种开放的三维空间数据标准，其目的主要是为了提升大的三维场景中模型的加载和渲染速度。3D Tiles 专为流式传输和渲染 3D 地理数据而设计的，如倾斜摄影测量、BIM、点云等。

5. 模型验收质量要求

关于倾斜摄影实景三维模型数据的获取目前主要依靠测绘专业团队，我们在实际工程中主要负责对模型进行质量检查，验收成果，下面重点描述模型的质量检查相关内容。

（1）模型质量检查方法。一般采用计算机或者人工方式，通过对比分析、检查分析以及实地踏勘等形式进行质量检查。

对比分析：使用正确版本的厂区总平面布置图（CAD 文件）作为可靠数

据，检查模型对象与可靠数据的差异；

逐项核查：根据质量检查内容逐项核查模型是否满足相关要求；

实地踏勘：通过到厂区现场抽查的方式，对模型完整性、纹理真实性等内容进行核查。

（2）模型质量检查内容。针对模型三维化过程中常出现的质量问题进行处理，具体如下：

1）总体性问题：包括建模范围正确（技术规格书中 KML 文件指定的范围）、空间参考系正确（平面坐标系和高程系）、数据格式满足要求（如技术规格书中要求的 osgb、obj、3dtitles 等格式）、是否满足单体化要求（需要单体化的建构筑物及区域已经单体化，并满足单体化相关技术要求）等等。

2）位置精度：通过与高精度的原始地形图（CAD 文件）或者厂区总平面布置图（CAD 文件）对比，检查坐标数值和高程值是否正确，具体可选取某个建构筑物的外墙角点，或者道路拐角等明显位置。

3）地面分辨率：也叫空间分辨率，精细模型可达到 2cm 甚至更小，考虑到模型大小以及费用等因素，一般采用 5cm 分辨率。实景三维分辨率不同，识别地面物体的能力也不同。一般情况下，凡是大于分辨率的物体容易辨认，而小于分辨率的物体不容易辨认。比如我们要求某实景模型的分辨率是 5cm，那么地面上大于 5cm 的物体在模型上可以清晰辨认，但是小于 5cm 的物体就会模糊不清。

4）时间精度：满足项目数据采集时间要求，符合现势性。

5）模型精细度。①尽量避免出现建构筑物墙体扭曲变形、漏洞、粘连、融化、拉花、纹理贴错、拼接不正确、平整度差等明显问题，原则上基本与厂区真实情况保持一致（见图 3-19）；②尽量避免出现道路路面、篮球场、草地等场地起伏过大，凹凸不平的情况（见图 3-20）；③尽量避免出现杆状、板状物体的悬浮物；④尽量避免大面积水面、玻璃等反射物体出现破洞，树木粘连破损等问题。

6）场景效果：①单体化后的建构筑物与周边地形模型衔接良好，无漏

图3-19　实景三维模型墙体破洞示例

图3-20　实景三维模型路面常见问题示例

缝、穿插、悬浮、下沉等不良现象；②厂区整体色彩光照效果协调一致；③建构筑物和交通设施等外形、空间关系、明暗关系等具有真实性；④植被景观、水体、山体等范围和位置准确，外形、空间关系、色彩等具有真实性；⑤模型的瓦片边缘衔接良好。

7）根据项目要求需要提交的技术设计书等成果文件完备，符合要求。

8）对厂区保密敏感区域的处理。在成果提交时对厂区由于保密不能对外展示的局部地块进行处理，常规处理手法是删除并平滑处理删除后的地块。

三、 激光点云三维建模技术

激光点云三维建模技术在核电站设计中的应用主要是使用激光雷达系统对厂区所有建构筑物、道路广场、绿化景观或者室内环境进行扫描，获得物体表面的反射点的三维坐标、反射率、纹理信息等，形成大量扫描点，这些扫描点按照其三维坐标分布于空间中，组成了厂区三维模型。

1. 数据采集方式：机载激光点云采集技术；车载激光点云采集技术；地面激光点云采集技术

当激光扫描仪挂载于低、中、高空飞行器，就是机载激光点云采集技术，常见于原始地形地物实景三维建模；当激光扫描仪搭载于机动车上，就是车载激光点云采集技术，常见于带状设施如道路的实景三维建模；当激光扫描仪放置于地面或者移动的机器人就是地面激光点云采集技术，常见于综合管廊内部、建构筑物室内等环境的实景建模。

2. 常见应用

激光点云技术广泛应用于测绘测量、城市规划、文物保护、水利等行业，在电力行业，机载激光雷达点云技术在输电线路巡检中的应用已较为成熟，在国内外均有大量案例，由于测量精度高（可以达到厘米级别），同时可以获取穿透植被，可以实现对电线和细小物体的精确测量和建模。

考虑到总图专业侧重厂区宏观环境的特点，对激光点云技术应用实践的较少，主要在核电厂的综合管廊内部技术改造中进行过一些探索。在核电厂综合管廊的实景三维建模中，考虑到管廊内部管道错综复杂、空间狭窄，激光点云实景建模技术可以快速还原综合管廊内部的复杂环境，为改造设计提供准确的设计原始环境，帮助设计人员新设计成果符合现状实际环境，减少设计返工，节省人员驻场时间。一般会使用三维激光点云技术密集地获取管廊内部环境的表面三维及纹理信息，实际操作过程需要将综合管廊分段分区，设置多个测站分别进行扫描，最终进行模型拼接，形成完整的综合管廊实景三维点云模型。

为了得到完整的目标信息，每一个测站都需要建立自己的坐标系统，最终将不同段拼接到统一坐标系下。拼接常见类型有标靶拼接、特征点云拼接、控制点拼接。

（1）标靶拼接：数据采集完成后，对相邻测站 3 个或 3 个以上的公用标靶进行拼接，将各个测站的数据统一在相同坐标系下。标靶中最常用的是球形标靶，其原理是通过球形标靶的圆心和球面的重合来实现模型拼接。

（2）特征点云拼接：在扫描过程中，通过不同分段包含相同的综合管廊内部特征点，如人孔、安装孔、管廊拐角等，然后将不同测区的同一特征点进行重叠放置，从而实现不同测区在统一坐标系下的拼接，这里要注意特征点一定要明显，而且是永久性设施。

（3）控制点拼接：当工程项目对扫描对象的拼接精度要求很高，为了提升拼接精度，三维激光扫描系统可以与全站仪等结合使用，首先通过全站仪等仪器可以确定公共控制点的大地坐标，然后用三维激光扫描仪器对所有公共控制点进行精确扫描，再以控制点为参照点，将多个测区模型拼接。

3. 激光点云数据类型

激光点云扫描的原始数据是由大量的点组成，是由三维激光扫描仪器扫描得到的空间点的数据集，每一个点云都包含了三维坐标（XYZ）和激光反射强度，其中强度信息会与目标物表面材质与粗糙度、激光入射角度、激光波长以及激光雷达的能量密度有关。

常见的点云数据格式有 las、rcp、xyz、e57 等格式，可以使用 Autodesk ReCap 等软件打开，并转换为常见的数据格式，用于厂区室外总模型的汇总整合。图 3 – 21 所示为某园区综合管廊点云模型示例。

四、 关注事项

在已建核电站应用实景三维技术过程中，需要特别关注数据保密和获取数据过程中的安全事项。

（1）数据保密。实景三维模型以真实反映核电站现状环境为主要特点，考虑到核电站的安全保卫，这些模型数据应限制在一定范围管理，包括数据的获取、编辑加工、交付存储、归档等各个环节。

图 3 – 21　某园区综合管廊点云模型示例

考虑到数据保密,在具体项目实际开展过程中建议尽量能够建立核电系统内的数据采集和制作队伍,或者与核电系统内的相关部门固定合作,签订必要的保密协议和合同等。

(2)数据获取的安全性。由于实景三维模型数据的获取过程一般采用低空无人机飞行采集,或者采用现场固定设备采集,需要关注数据获取的安全相关要求,对无人机飞行或者现场作业可能存在的安全问题提前考虑,做好预防工作。

五、 技术应用比较

倾斜摄影和激光点云作为两种最新的三维测量技术越来越受到关注,下面对两种技术进行简单的比较(见表 3 – 2)。

(1)倾斜摄影技术。倾斜摄影技术可以获取具有真实纹理的三维模型数据,适合做核电站大范围厂址三维建模、厂区内部大范围室外环境建模和一些对精度要求稍低的三维建模应用。由于倾斜摄影技术一般在室外开展,对天气要求较高,并且对植被下的地形无能为力,对细小物体(路灯杆、围栏、小垃圾桶等)的建模能力也不足,需要配合其他建模手段辅助。

(2)激光点云技术。激光点云技术的雷达具有穿透植被的能力,可以测量植被覆盖下的地形。同时,激光雷达获取的高精度点云数据测量精度很高,适合做高精度地形测量与工程勘测、厂区重点建构筑物(如核岛厂房、核安全边坡等）的测量与建模，以及对精度要求很高的其他工程测量应用。

（3）技术对比综述。现在对两种技术做以下对比，见表3-2。

表3-2 倾斜摄影与激光雷达参数对比

对比科目		倾斜摄影	激光点云
设备与数据采集	测量手段	可见光	激光
	数据采集效率	低（要求60%~80%的航带重叠率，需要重复飞）	高（需要10%左右的航带重叠，单次飞行即可）
	采集方式	机载	机载、手持、车载
	测量精度	较低	高
	天气时间要求	高（低能见度天气不能用）	低（大多数天气可用，大雾、大霾、沙暴等天气不可用）
数据处理	软件价格	高	较低
	数据处理速度	慢	较快
	颜色纹理	好	需要结合相机
	三维可视化效果	好	较好

六、 应用展望

上述实景模型的应用，仅用于厂区建成后对建构筑物最终竣工状态的表达，其实从项目确定了意向中的场地，即选定厂址位置，开展工程设计开始阶段，就需要认真了解现状地形地物。同时，在厂区建设的各个阶段，包括场地平整阶段、一期建成及全厂建成阶段，都可以获取某个阶段的实景模型，反映厂区某个时间点的现状，在此基础上开始后续新设计，使设计成果能够随着工程建设而不断优化。

第三节　厂区三维模型：场地地形

总图专业开展总平面设计工作，核电站厂址所在位置的原始地形资料是重要的基础设计输入资料。三维数字化工作首先要研究如何快速且准确地获取厂址原始地形的三维可视化模型，核电站在不同设计阶段对地形的精细程度要求不同，在厂址选择和厂址总体规划阶段，主要以卫星影像加上 DEM 模型就可以满足项目工程设计要求；在核电站总体规划中，一般可以获取厂址周边一定范围的实景三维地形模型，精度更高，方便规划和布置相关设施；项目推进到厂区场地平整、总平面初步设计和施工图阶段，测绘单位会提供 1∶500甚至更详细的厂区周边范围的地形图，厂区所在范围的地下地质勘探图纸，结合图纸可以开展人工详细建模，对厂区所在范围、周边一定范围的原始地形地物、厂区所在位置的地下空间进行精细化的三维仿真模拟。

获取原始地形的三维可视化模型，分为以下几个方向：

一、 卫星影像 + DEM

本部分主要适用核电站厂址所在位置和区域的大范围，低精度的原始地形三维可视化模型，在核电站前期的厂址选择、总体规划等工作中应用较多，也可以在前期对地形进行各种空间分析，如坡度坡向分析、汇水面积分析、大范围水淹分析等。DEM 数据获取途径比较多样，可以通过软件在线下载，也可以通过很多商业网站免费获取低精度数据（如全国 30m 分辨率的 DEM 数据）。

本部分数据格式以栅格文件为主，通过 DEM 表达大范围地表的高低起伏，通过卫星影像表达地表的各类地物，然后在统一的坐标系下叠加在一起，实现对现实世界的三维可视化表达。在实际应用中主要通过 InfraWorks 等软件，将需要表达的核电站设计内容通过矢量文件的形式绘制或者叠加到原始地形栅格文件上，以表达设计意图。

相关技术及其应用案例主要在第二章第二节中做了详细的介绍，本章节不再详细介绍。

二、 实景三维地形模型

获取原始地形资料，一般由设计院出具任务书，指定需要测绘的范围等内容和要求，然后由测绘单位通过仪器获取原始地形图交付设计院，一般测绘成果是 DWG 格式的平面图纸和相关文件。

随着测绘行业数字化转型的深入和实景三维中国建设的推进，预计实景三维测绘地形图将逐渐成为设计院开展三维设计工作的重要基础输入资料。在开展核电站厂区总体规划布置时，实景三维原始地形图可以真实还原厂区所在位置及周边一定范围的工程设计环境，一般应用于核电站厂区总平面布置方案优化阶段，更大范围的测绘地形图，也可以应用于总体规划阶段。

本部分模型的获取和应用详细在上一节中做了介绍，本节不再详细介绍相关内容。

三、 人工建模

（1）原始地形三维建模。在本章第一节中介绍了使用 Civil 3D 开展场地平整土石方计算，侧重于场地平整阶段的工程三维设计，成果主要是土石方计算、平整后的场地及其周边边坡等场地相关设施的三维模型。但是如何使用三维建模技术精细化表达边坡以外的原始地形，目前还没有专用的软件可以实现，经过大量数字化实践，可实现使用 SketchUp 软件以不规则三角网形态模拟表达厂区周边的原始地形。

现有的原始地形图是二维平面形式（一般 DWG 格式），图纸采用了很多抽象的符号表达地形起伏，地物形态等，需要设计人员具有一定的测绘知识才能准确识图，并判断出哪些原始地形对厂区新设计物项有影响。厂区周边原始地形的三维可视化，则可以帮助设计人员直观地认识原始工程设计周边环境，避免了测绘地形图识图不准确带来的工程问题。比如在实际工程中经常发生设计人员规划厂区边坡时距离周边鱼塘太近，有的甚至布置到鱼塘内部，导致征地费用提高，边坡地基处理费用提高，工程进展延缓，还有地形图识图不准确，将围墙布置于很陡的山体上，导致现场无法施工，需要规划设计返工等等。

在实际工程中具体使用 SketchUp 软件建立厂区周边的原始地形时，首先，收到测绘单位的原始地形测绘资料后，梳理清楚原始测绘资料中的高程数字或者等高线；然后，利用相关软件对高程数字或者等高线赋予高程信息，并离散化，离散化的目的就是将等高线的高程由线状变为点状，再以三角网形式，用直线连接各个高程点，形成不规则三角网形式地面三维模型，本步骤主要在 CAD 软件中完成，目标是将各种表达地面高程的点或者线，统一转换为带高程信息的点，进而连接点形成线和网，如图 3 – 22 所示。

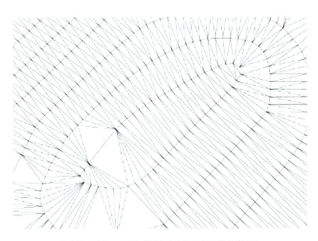

图 3 – 22　原始地形构建不规则三角网

接下来就是需要导入 SketchUp 软件，为每个三角网封面，所有三角面域组成地面的整体曲面，即形成地面三维模型，但是只有地面的三维模型还不够，还需要将原始地面上的建构筑物、道路水系、用地性质（如基本农田、林地等信息）等设施和信息叠加在三维地面模型上，形成完整的数字化虚拟地理环境，如图 3 – 23 所示。

这里采用的不规则三角网（triangulated irregular network，TIN）是表示数字高程模型的另一种方法。TIN 是由空间离散分布的不均匀点组成的三角网络模型。基于不规则三角网的数字高程模型就是用一系列互不交叉、互不重叠地连接在一起的三角形来表示地形表面，是 DEM 众多表示方式中的一种表达数字地面高程的方法。TIN 不只可以表达地面，还可以表达其他不规则的物体，表达方式灵活，在三维建模中经常被使用。

这里基于规则格网的 DEM 和基于不规则三角网的 TIN 是目前数字高程模型的两种主要结构，由于规则格网在生成、计算、分析、显示等多方面具有

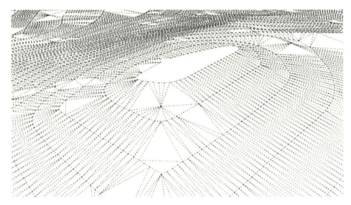

图3-23 原始地形三维模型

（实际工程中可隐藏虚线）

优势，因此获得了最为广泛的应用，以至于一提到 DEM，人们往往认为就是规则格网的 DEM，但是 DEM 在地形平坦位置存在大量数据冗余，同时在相同条件下，难以表达复杂地形的突变，而基于 TIN 的数字地面高程模型可以减少这类数据冗余。

（2）地质三维模型。在工程设计开展过程中，设计人员不光关注地表的高低起伏、地物分布等可以看见的地表环境，地下看不见的地质环境也需要了解，比如核电站的核岛厂房在布置时就需要参照地下的勘察资料，选择良好基岩区域放置核岛厂房。地下看不见的地质状况需要使用仪器在选定的位置打钻孔，具体地理位置和钻孔深度都有要求，成果就是勘探点平面布置图、柱状图以及各种剖面图和切面图等。

厂区地质勘探成果如何配合上文的地面数字高程模型，实现三维可视化，国内各大软件商都在开发相关软件平台来解决这个问题，其中有 MapGIS 软件的地质模块就可以实现地质是三维建模，另外，SketchUp Civil 3D 和路立得等软件也可以进行地质建模，其内在的建模原理基本大同小异，总体上分为以下几个步骤。

钻孔单独建模：输入钻孔资料，通过勘探点平面布置图确定钻孔所在平面位置，在每个钻孔位置确定起点高程（即地表高程），然后垂直沿钻孔方向，向下画线段，每一个线段代表一种岩性，每种岩性独立成组，并赋予组件相关的岩性信息（如花岗片麻岩：黄褐、褐黄等色，全风化等等），建议用颜色相互区分开各个岩性段，如此直到钻孔底部。

钻孔间连接成面：完成所有钻孔建模后，结合钻孔不同岩性段分界点，开始用线连接相同岩性的所有点，根据岩层发育情况，每两个钻孔之间形成地质剖面和岩性平面，如图 3 – 24 所示。

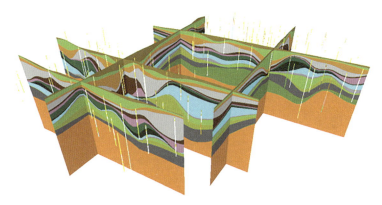

图 3 –24　钻孔和地质断面

同一岩层面成型：在水平方向连接不同岩层线成岩层面，不同的岩层面立体分布于厂区地下不同标高位置，完成地下岩层的三维可视化，如图 3 – 25 所示。

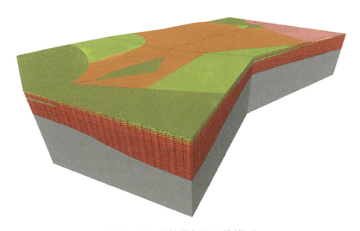

图 3 –25　地质岩层三维模型

第四节　厂区三维模型：建构筑物

核电厂总平面布置工作的对象主要是厂区的建构筑物、道路广场等室外设备和设施，在数字化实践中三维建模的重点就是通过各种途径将厂区所有建构筑物三维可视化，这部分数字化工作是总图专业完成全厂总体三维模型的基础。

一、建模思路

一般情况下，厂区各专业开展各自的三维设计工作，完成厂区建构筑物、设备设施的三维模型后，需要简化模型体量，去除冗余模型信息，最后提交总图专业整合汇总，形成厂区的总体三维模型。在实际工作中，核电站厂区所有的建构筑物设计单位约有 5~6 个总体院和各种分包设计院，全厂大概有 200 多个永久和临时建构筑物（即建筑或结构专业编制的建构筑物单体，一般分为平面图、立面图和剖面图等）和设备设施（即各工艺专业提供的室外布置的水罐、变压器等设备设施等），各设计单位各专业的三维设计工作很难统一管理，各单位对数字化发展的推进有快有慢，采用的三维设计软件也不统一，导致数据格式不统一，存在各种现实问题。

总图专业要想在现有条件下推进厂区总体三维建模工作，可以一方面对于推进三维设计工作进度快，可以提资总图专业的建构筑物三维模型，总图专业要熟悉各专业采用何种软件开展三维建模，成果模型的格式是什么，是否可以转换为统一的数据格式汇入厂区总体三维模型统一平台。这里要关注下，在 CAD 平面设计时，总图专业收到建筑等专业提资的建构筑物单体图纸后，为了保证全厂总平面布置图图面表达简洁清晰，图纸文件大小合适等，要进行"处理单体"这个工序，目的是将提资中的对总图专业不重要或者不需要的冗余信息删除，只保留建构筑物正负零层的建筑外墙轮廓线以及相关的门窗等设施和信息。这些工作在三维数字化设计阶段也是需要的，而且比CAD平面设计阶段的必要性更大，因为在三维数字化设计阶段无论从设计文件的体量大小还是从现有硬件、显卡的支持角度，都无法"全盘接收"各专业完整的三维设计模型。

另一方面，对于数字化设计推进较慢的设计院，可以收集提资完整的建构筑物平立剖图纸（可编辑版），自行建立建构筑物的三维模型，这样可以保证总图专业不受各种条件的限制，快速建立起厂区总体三维模型。总图专业自行建立厂区建构筑物三维模型的主要思路是"逆向"建模，即以单个建构筑物的平立剖CAD图纸为基础，先确定底层平面和四个立面的对应位置，在空间上还原至真实建筑的立体状态，这样的建模思路忽略了建筑外立面的材质等要素，强化了门、窗、台阶等设施的描述，使总图专业可以关注与总平面布置相关的建筑立面上的设施，如在布置室外消防车登高操作场地时，可以直观地检查是否满足建筑物立面上与消防车登高操作场地相对应的范围内，是否有相应的救援设施（如救援窗等）。

二、 建模流程

收到各专业完整的建构筑物平立剖图纸，首先要读懂建构筑物图纸，明白设计的意图，在大脑中建立起三维立体的虚拟形象，然后再着手开始建模，下面以SketchUp软件为例说明相关流程。

（1）保证收资的完整性，主要有平立剖CAD图纸。

（2）在CAD图纸中首先建立新图层：以"项目号 + 子项号 + 子项名称"命名，并置为当前图层，这一步是为了尽量统一图层，避免图层管理混乱。

（3）复原空间位置：确定底层平面图，将四个立面的图纸根据轴线对应关系，复位至底层平面图的对应方位。

（4）处理底层平面：与总图专业CAD图纸"处理单体"工作类似，原则上按照制图规范，保留正负零层的外墙轮廓等设施。这里需要关注的是注意保留底层平面最外围的轴线信息，方便二层平面等图纸校准位置。

（5）处理立面图纸：删除文字、标注、填充、轴线等建模不需要的内容，保留主要的外墙，门窗等需要三维模型表达的内容，删除哪些，保留哪些内容，需要在实际建模过程中实践摸索。

（6）处理二层及其他楼层平面图纸（如有），处理顶层平面布置图时，基本上保留全部线条，方法类似底层平面图纸的处理方法。

（7）处理完毕后，炸开所有图块，将所有线条均放入 CAD 图纸的"项目号＋子项号＋子项名称"图层，即只保留一个图层。

（8）消除重线，标高置零，以米为单位，最终另存为 CAD2004 版本的 DXF 文件备份。

（9）开始进入 SketchUp 软件进行操作，首先要做好基础的设置，如打开文件菜单，选择导入，跳出对话框，点击对话框的"选项"按钮，勾选"合并共面平面"和"平面方向一致"，单位选择"米"，确定并点击导入按钮。

（10）准备工作：导入成功后把图形整体炸开，全部线条归入"项目号＋子项号＋子项名称"图层，可以开始三维建模。

（11）首先将四个立面、二层及其他楼层等分别建立群组，防止操作过程中线条之间粘连，不方便选择。

（12）旋转四个立面，以底层平面为中心，将立面放置于对应空间位置，当有悬挑或者退台等特殊位置时，采用相同处理方法。

（13）将二层及其他楼层、顶层的平面图按照设计高度垂直移动，放置于对应空间位置，随后进行封面（即使同一平面形成封闭的面域），如图 3 - 26 所示。

（14）完善检查：检查图层无误，并随时清理废线、废面、废组件和空组件等。

（15）整体建构筑物制作组件：整个单体建立组件（理论上允许数次嵌套组件），命名为"项目号＋子项号＋子项名称"。

关于组件和群组之间的区别，组件类似 CAD 软件中的块，将需要成组管理的线条可以制作成一个组件，组件可以被命名，可以赋予组件属性信息，当修改一个组件时其他复制的相同组件会随之修改，具有关联性，一般被用作定义有意义的一组物体，如一栋房子，一个桌子，一个门等，组件是

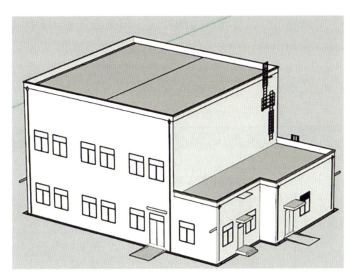

图 3 -26　封面后的建构筑物三维模型

SketchUp 软件应用的重要命令，一定要熟练掌握；群组命令可以将需要成组管理的对象组成一个管理单元，类似组件的功能，区别在于群组命令制作的单元不可以命名，不具有关联性，也不可以被赋予工程信息，一般仅用作临时制作一组物体，避免操作不方便，不做有意义的定义。

（16）赋予属性信息。上一步组件制作完成后，仅仅实现了建构筑物的几何外形的三维建模工作，在开展总平面布置工作时关注的不仅是几何外形，还有建构筑物子项的工程设计信息，在 BIM 工作中称之为属性信息。对应建筑专业使用 Revit 软件开展建筑三维设计的概念理解，厂区的一栋栋房子对总图专业来说就是一个个独立的"族库"，既然是族库，也要有属性信息。这些属性信息就是每栋建构筑物的设计说明文件，包括生产性质、火灾危险性、耐火等级、建筑高度等厂区总平面布置和管理需要的工程信息。

属性信息与几何模型的结合（可以称为数模结合），需要使用 SketchUp 软件的动态组件功能，动态组件功能可以使用组件选项查看属性信息（详见图 3 -32 模型属性信息查询），主要使用组件属性以下功能：

1）组件信息：含子项名称、概要描述和详细描述，主要用于对建构筑物子项的子项号、子项名称、项目名称、子项功能等进行文字描述。这里文字颜色、大小、字体都可以设置成特定的样式，但是要通过 HTML 超文本标记语言进行描述，要想设计出漂亮的属性框界面，需要掌握一些基础的语法，见表3-3。

表3-3 基础 HTML 语法表

序号	命令内容	HTML 内容	解释含义
1	换行	< br >	
2	指定字体和大小	< font face = " Microfoft Black " size = 5″ >	字体为 Microfoft Black；文字大小为5
3	指定文字颜色	< font color = 0000ff >	颜色指定为纯蓝色
4	链接网址	< a href = " https：//www. XXX. cn" >输入网址 </a >	网址 https：//www. XXX. cn，显示为"输入网址"
5	自定义		对建筑占地面积、建筑面积等进行设置

同时对颜色的表示也要使用光学颜色 RGB（红、绿、蓝）表示，如000000 表示黑色，ffffff 表示白色，同样 ff0000 表示红色，00ff00 表示绿色，0000ff 表示蓝色，如图3-27所示。

图3-27 RGB 颜色示例

还要熟悉常见的字体，方便在编制超文本标记语言时选择合适的字体，增加属性框界面的美观度，常见字体如下：

黑体（SimHei）字具有结构严谨、庄重有力、朴素大方等特点，微软雅黑（Microsoft YaHei）字形略呈扁方而饱满，笔画简洁而舒展，易于阅读，这两种字体可用于标题和题目。

宋体（SimSun）字形方正、横细竖粗、棱角分明、结构严谨，有极强的笔画规律性，能够使人舒适醒目，Verdana 字体用在小字上有结构清晰端正、阅读辨识容易等高品质表现，这两种字体可用于正文描述。

2）形状设计：可以设置属性对话框被调出后的长宽尺寸。

3）自定义功能：自定义可以用于添加建筑占地面积、总建筑面积等数值型信息，可以添加层数、火灾危险性和耐火等级等文本型信息，还可以详细设置是否让查看的人员看到此项属性信息，是否可以修改编辑，或者列出几种选项供建模人员选择等。

三、 建模技术要求

使用 SketchUp 软件绘制三维模型，就好像使用一般的 CAD 软件画图，具有很大的灵活性，但是自动化和参数化程度低，所以需要针对具体工作制定相关的技术要求，这样才能保证三维模型的质量。由于目前不管是民用还是工业领域，总平面布置设计尚无对口的三维设计软件，所以找不到总图专业相关的三维数字化设计的质量要求，这里我们就已有的实践简单总结了几点，具体如下：

（1）模型绘制精度。在 SketchUp 软件建模过程中精度可以达到毫米级别，对于厂区室外工程相关的专业，可以满足施工图阶段规划布置、建筑定位，竖向设计等需要，所以在建模过程中所有的线面衔接可以做到严丝合缝，满足厂区总平面设计要求。

（2）采用组件管理厂区模型。SketchUp 软件的组件功能比 CAD 软件的块功能强大很多，要充分利用 SketchUp 软件的组件功能对局部三维模型进行管理，同时充分利用动态组件功能管理厂区每个建构筑物设施的属性信息，不光看得见建构筑物设施长什么样子，还要知道这是个什么设施，做什么用途等。

（3）三维模型文件管理。三维模型的文件管理采用组件和标记（类似 CAD 的图层功能）同时控制的方式，这样既可以发挥组件强大功能，又能通过图层对模型显示进行控制。

（4）尽量精简模型。总图专业需要大量汇总外单位、外专业的设计图纸和模型，所以要严格把控进入厂区总平面三维模型的文件大小，每次导入汇总模型之前都要精简外来模型不必要的图层、线条、空组件等，最好进行模型轻量化处理。

第五节　厂区三维模型：管线设施

核电站厂区室外管线是核电厂生产运行的重要组成部分，厂区室外管线综合主要对厂区各专业的室外管线进行路径规划、碰撞检查等。在核电站数字化实践中，如何在三维环境中完成厂区室外管线的路径规划布置、管线设计以及碰撞检查等工作，需要各管道设计专业与总图专业共同努力来完成。

一般情况下，厂区各管道设计专业会开展各自的室外管线三维设计工作，完成后，统一汇总至厂区室外管线总的三维模型库，总图专业负责检查管线之间的间距是否符合规范要求，提出碰撞点的避让方案等工作。

在实际工程项目中，确定核电站的位置后，现场就开始场地平整等工作，本阶段各设计院的各类临时管线、永临结合管线、永久管线开始持续不断地被设计和施工，直到核电站施工建造完成，厂区室外管线一直在不断地设计和修改，最终进入核电站生产运行期间，核电站管理方对已完成的厂区室外管线提出数字化管理需求，要实现各类查询、统计、三维可视化展示等功能，协助业主进行运维管理。上述厂区室外管线相关工作具有持续周期长、涉及单位人员多、管线种类复杂等特点。

考虑到一根管线和一栋建筑建模的原理和思路有较大不同，比如管线从宏观角度看是一个线状设施，一栋建筑是带有长宽高尺寸的立体设施，所以管线三维建模可以从两个方向推进，一个是三维可视化方向，一个是数据库方向。

一、 三维可视化方向

按照厂区室外管线三维可视化设计的方向，需要首先建立一个综合性数字中控平台，导入厂区建构筑物总平面三维模型作为底层模型，各专业在此基础上协同开展厂区室外管线三维设计，更新至中控平台，进行统一的碰撞检查工作。

这个工作方式对综合性中控软件平台要求很高，主要是采用中控平台加各专业平台形式，要能够同时满足各个设计院各专业的管线设计和分析需要，国内华东水利水电院（如 HydroStation 平台）以及中国核电工程有限公司等单位都按照这个思路开展核电站总体数字化工作。其优点是所有专业被"强制"在统一定制的平台体系内，不存在数据格式的交互问题，专业间的配合在统一定制的框架下开展，能够顺利衔接；其缺点是平台总体定制费用很高；另外，中控平台尽管已经基本覆盖了本单位主要专业，但是核电站的建设涉及的分包单位数量多，可能有的分包单位没有开展三维模型，有的分包单位开展了三维模型，但是数据格式与本单位不兼容，最终导致无法兼顾现实中所有合作单位的各种不同情况；最后，中控平台是一个综合性的平台，应该是要兼顾各个专业的设计习惯，满足各个专业的分析计算要求的，但是实际的平台开发中考虑到经费、开发意图沟通等因素总是侧重于本单位的主要专业，其他配套专业的开发需求往往不能全部做到，尤其是工程前期的总图专业、地质专业、水文专业等，至少目前没有一款可以完全覆盖所有专业业务的数字化软件，包括国内已经在运行的数字化设计平台。

二、 数据库方向

按照厂区室外管线数据库方向，从厂区室外管线设计、施工、运维全周期考虑问题，从各专业的现有设计工具入手（各专业管线设计手段最常见的就是 CAD 软件），考虑在不影响大家现有设计出图的前提下，实现管线三维模型或数据的全周期流转，服务各个环节。

（1）主要工作流程。GIS 平台在数据库管理方面具有很大优势，可以将各种格式的三维模型和各种类型的数据信息统一导入平台进行浏览、查询、统计、分析等操作，可以作为核电站厂区的数据中控平台，所以我们如果可以将现有厂区室外管线数据化，变为可以导入 GIS 平台的数据表格，这样就可以将各专业管线设计环节与管线数字化设计紧紧联系在一起。

首先，各专业和总图专业共同使用经过二次开发的 CAD 专业软件，实现可以将管线 CAD 图形和设计信息直接导出为 Excel 表格文件，表格文件分为管线表格和管点表格，管线表格主要表示管段的主要位置信息、材质、管径等工程信息，管点表格主要体现管线沿线分布的管线点的主要位置信息、阀门类型、砌体形式等工程信息。Excel 表格文件可以直接导入 GIS 平台，GIS 平台会自动生成管线和管点的三维模型，重点是可以将所有相关工程信息赋予管线和管点，实现厂区室外管线的数字化设计。

关于 GIS 相关内容会在本书第五章中详细描述。

（2）主要特点。按照这个思路开展厂区室外管线数字化工作，主要优点是贴合各专业现有设计习惯，实际推进落实中遇到阻力较小。各专业现在日常设计使用的主要工具是平面为主的 CAD 软件，在 CAD 软件基础上，新增开发一些辅助各专业开展设计和分析的功能，同时具有将完成设计的管线导出为一份 Excel 文件的功能，Excel 文件中通过表格形式描述了各专业的所有管线及其相关设计数据信息（如管线名称、管代号、管径等等），形成了简单的管网数据库，这就是管立得管线设计软件，既可以提升现有厂区室外管线设计的自动化水平，提升设计效率和规范性，同时又可以实现厂区管网数据化。

此处得到的管网表格与测绘单位通过物探手段获取的管网表格是同一格式的文件，由于地下管线探测表格是可以顺畅地导入 GIS 类软件，也就是说，我们可以将各专业的设计成果"实时"导入 GIS 数字化平台，形成厂区设计管网数据库。

三、厂区室外管网设施的三维建模

厂区室外管网建模包括两部分，一个是管线，即管道部分，另一个是管网设施，即管点部分，管点主要有各类管线上附属的阀门井、检查井以及各类弯头、三通等节点。上文主要侧重管线的整体线状建模，对于各个管线衔接的节点采用符号化或半符号化表达，缺少详细的管线节点三维模型。

厂区的管线节点主要指厂区室外管道沿线的特征点及其相关附属物，特征点包括但不限于弯头、三通、四通、预留口、分支、交叉、转折、变深、大小头、进出水口、起终点井、变径、出地、出露、进墙、进房等；与管线相关的附属物包括各种检查井、阀门井、消防栓、放水口、水表、雨水口、人孔、手孔、变压器、接线箱等，如图3-28所示。

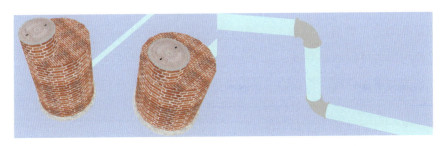

图3-28　管线管点设施图（雨水检查井和给水弯头）

这里需要详细三维建模的主要指大型的复杂的节点，如检查井、阀门井、消防栓、雨水口、人孔、手孔、变压器、接线箱等。由于这些节点一般都是各专业的标准详图，只要建一次模型，后续其他项目都可以反复使用，也就成为厂区室外管线三维标准族库。具体建模可以使用SketchUp等软件绘制，建模原理和要求同建构筑物建模，建成模型后制作成组件，并赋予该节点组件各专业详图集和选用详图页码，选用详图注意事项等具体信息。需要关注的是，管线节点详图的三维模型引用至各个具体工程项目中时，可能管线的接口方位会和实际工程不一致，所以在开始制作管线节点详图族库时，需要考虑各种工程不同的运用需求，尽可能满足工程实际使用的要求。对于结构复杂的设备设施，如变压器等，由于细节很多，在三维建模时需要不影响设备三维表达的前提下，尽量减小文件大小，这个细节不关注，可能会导致整个厂区三维模型很大。

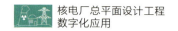
另外在实际工程中可能遇到各种不同情况，有一些管线节点需要根据项目实际需要，专门为项目定制一些非标准尺寸的设施，这样就要根据项目需要具体定制管线节点设施，这种情况广泛存在，但是数量不会太大。

第六节　数字化设计实例

核电站厂区一张总平面布置图，从厂址选择阶段开始，经历方案、初设、施工图和竣工图，前后数年时间，一直在向业主、专家、领导、施工等层面做汇报和沟通，然后反复修改。如何把一张总平面布置图变成三维立体的，让汇报沟通的过程更加顺畅，同时也可以让更多相关人员参与到规划讨论中，使规划方案更加合理，是我们总图专业数字化实践的首要目标。

一、 项目实际案例介绍

本案例为北方某厂址，厂区工程用地约 23.96 公顷，厂区周边原始地形以丘陵为主，一条水渠从厂区东侧流过。厂区可利用的建设用地与原始地形之间布置填方和挖方边坡、挡墙等设施，厂区内部建设用地上规划布置 32 个建构筑物子项，部分水池位于地下，同时为后期工程预留少量场地。

1. 建模对象

本次数字化案例采用 SketchUp 软件对全厂所有建构筑物、道路、围墙、大门、场地及其四周边坡、挡墙、围墙、截洪沟等设施进行人工三维建模，成品模型文件大小为 100M 左右。

2. 建模思路

本节的建模思路是以整个厂区范围为对象，涉及总平面布置的所有物项，同时在建模同时给出模型的精度水平，具体建模步骤如下：

（1）原始地形建模：利用测绘单位的原始地形 CAD 图进行建模，具体方法见本章第三节，模型精度可达 LOD4 级别精细模型。

（2）平整场地及其周边边坡等设施建模：边坡、挡墙、围墙、截洪沟的建模方法与建构筑物类似，其难点在于将边坡、围墙等设施无缝衔接原始地形，并能随地形起伏精准地放置在原始地形，大部分模型精度可达 LOD4级别。

（3）建构筑物单体建模：从外专业获取建构筑物的平立剖图纸后，参照本章第四节方法制作单体三维模型，模型精度可达 LOD4 级别精细模型。

（4）道路建模：由于项目人力和时间有限，综合考虑厂区整体效果，道路模型的精细度偏低，可达 LOD2 级别，体现道路路面即可。

（5）管线建模：考虑到厂区总平面布置图一般不包括室外管线，而且本工程项目暂无大型管廊沟道，所以本次实践未体现厂区管线管沟类设施。

（6）绿化景观：考虑到人力和时间成本，绿化景观设施仅对室外绿化和碎石铺地的范围进行建模，精度为 LOD2 级别。

（7）模型整合：最后，以原始地形三维模型为底图，以 SketchUp 软件为基础平台，汇总场地、建构筑物、道路、绿化景观等部分的三维模型，形成全厂总平面三维模型。

需要关注，如果上游专业提资建构筑物的三维模型，就需要对模型内容进行精简，对模型体积进行轻量化，在保证厂区整体表现完整的前提下，尽量减少模型的线面元素，然后通过数据格式转换，导入 SketchUp 中汇总；如果上游专业未提资，就采用上述思路快速建立建构筑物外轮廓的三维模型；如果相关子项设施还未开展设计，则通过基本尺寸信息建立简单的立体轮廓，放入 SketchUp 中汇总，以形成完整的厂区三维立体地理空间环境。图 3-29所示为全厂总平面三维模型局部透视图。

3. 完善工程属性信息

SketchUp 软件不仅可以建立建构筑物的外表轮廓的三维模型，而且可以将每个建构筑物的属性信息附带到三维模型。这些建构筑物的属性信息一般包括总图设计中关注的相关工程属性信息，主要通过 SketchUp 软件自带的动态组件功能，实现数据信息结构化显示，如图 3-30 所示。目前这部分还不能实现参数化自动建模和录入属性信息，需要人工手动实现，需要后续根据

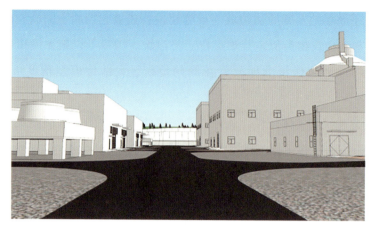

图 3 -29　全厂总平面三维模型局部透视图

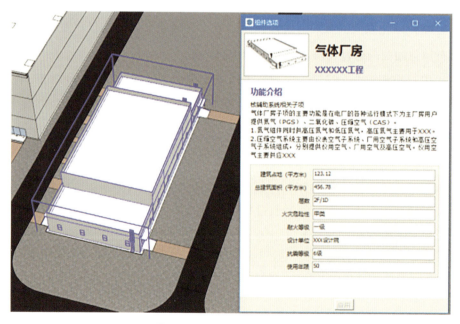

图 3 -30　模型属性信息查询

需要定制开发。

　　经过上述工作可实现厂区总平面布置三维可视化，同时可以了解相关工程设计信息，帮助设计人员等更加深入地了解厂区总图。

　　本项目开展过程中获得甲方好评，我们还积极组织总结经验，出版建模流程相关手册 2 份，申请专利 1 项，并积极推广到各电站厂区。

4. 关注点

在厂区大范围三维建模时要关注以下几点：

（1）建立厂区的施工坐标系。SketchUp 软件最初被用作建筑单体方案设计，随着软件的不断换代升级，虽然软件应用的行业范围越来越大，软件自身的功能也越来越强大，伴随着插件的出现，更是如虎添翼，但是 SketchUp 软件对于地理空间坐标系的支持仍是弱项，当绘制的线条远离图纸坐标原点（0，0，0）就会出现线条锯齿状"抖动"的现象，当距离图纸坐标原点较近时，如（10000，10000，10000）范围内就不会出现问题，为了避免远离坐标原点出现"抖动"的问题，还是建议整个厂区的三维模型整合都在施工坐标系下开展工作。

（2）注重总图专业自身族库的积累。每个 BIM 软件都有自身专业相关的族库，每个专业在 BIM 工作开展中，都会逐渐积累自己专业专用的族库，以方便重复利用某些构件模型，提升三维建模的效率。总图专业在开展厂区三维建模中也要关注积累厂区总平面布置相关的族库，比如单个建构筑物等设施的三维模型及其数据信息，相同的核电机组经过不断积累，就可以形成总图专业内通用的族库，如某机型主厂房、同类 BOP 厂房、雨水口、检查井等等，都可以在不同厂址项目的三维设计中重复利用。

（3）避免成为效果图。以前常常会在项目的各个阶段使用 3ds Max 软件制作三维鸟瞰图，其优点是能够反映厂区整体风貌，可以选用通用型材质保证厂区整体效果良好，所以，在实际项目中我们尝试使用 3ds Max 软件建立厂区三维模型，发现 3ds Max 软件不但学习成本高，对电脑硬件要求高，其本身也无法准确绘制模型尺寸，尤其在地形模型制作中有其天然短板（因为 3ds Max 软件源于影视动画行业），无法精准建立地模，更无法建立厂区坐标系统，经过不断摸索，最终确定使用 SketchUp 这款设计软件建模。

使用 SketchUp 在厂区三维建模过程中对材质没有提出要求，白模即可，但是要求尺寸一定要精细准确，三维模型和上游专业提资的图纸应该完全一致，模型各个部分衔接也要严丝合缝，这样的模型才能被应用于厂区总平面布置图各个阶段的详细设计工作。要避免把以前制作厂区效果图的想法和要求用于建模过程，因为厂区总平面三维模型是核电工程设计和分析工作的一部分，不是仅仅当作效果图模型看看样子，相关技术要求已在第四节描述，不再重复。

二、 几点建议

1. 数字化设计要分阶段推进

结合现有实践经验，参考其他专业 BIM 的发展历程，核电站厂区三维总图布置可以划分为以下四个阶段。

第一阶段：先让总平面布置图"立"起来，变为三维总图；

第二阶段：结合平时工程数据、经验数据的梳理和积累，形成专业数据库；

第三阶段：基于现有条件研究数模结合技术，使厂区三维模型附带工程信息；

第四阶段：通过软件二次开发，扩展软件的分析应用功能，可以实现基于厂区三维总图室外空间的消防间距判定分析、易燃易爆子项的爆炸影响范围分析、现场大型廊道开挖影响分析、非居住区和规划限制区影响范围分析等等，还要统计并输出整个厂区的技术经济指标表，支持各种设计分析验证工作。

也许我们无法严格按照 BIM 技术的标准一步跨入数字化设计阶段，但是可以分阶段的，逐步将一些有条件开展的数字化工作先做起来，随手可及的 BIM 软件先用起来，也就是：先起跑再调整呼吸，先起飞再调整姿态。

2. 规范数字化设计模型精度要求

不管是 BIM 技术还是城市三维建模技术都对模型精度有要求，随着数字化工作的深入，要逐步在厂区总平面三维建模工作中引入 LOD 要求，在厂区的总平面方案阶段、初步设计阶段、施工图阶段和竣工图阶段都要对模型的几何模型和非几何信息有精度要求。

这里关注下，工程设计的过程是从概念想法到详细图纸表达的过程，三维建模工作的精度要求亦是如此，并不是起手就按照最精细的要求建立模型，而是一个逐步设计，逐步清晰表达想法的过程。

以厂区综合管廊三维设计为例：

（1）规划路径：根据厂区管线综合情况，首先规划综合管廊的路径和范围。这个阶段就不需要也无法确定很详细的管廊模型，可以使用宽4.00m，高3.00m的矩形轮廓示意。

这一步骤可以使用SketchUp软件，用体块粗略示意路径即可，精度达到表3-1城市三维建模精度的建构筑物LOD1即可。

（2）确定标准断面：路径和范围确定后，根据管线综合图中，管廊沿途管线的基本情况，确定可以入廊的管线数量和种类，并规划管廊内部管线位置，规划人行通道等设施位置，初步开展管廊内部碰撞检查，确定管廊标准断面。这个阶段可以根据确定的断面尺寸和路径范围建立初步的管廊三维模型，管廊模型整体处于相同的标高（如管廊顶部覆土统一2.00m），管廊无上下起伏。

这一步骤可以使用SketchUp软件，表达管廊基本的轮廓和内部管线空间路径，精度达到表3-1城市三维建模精度的建构筑物LOD3和管线LOD1或LOD2。

（3）管廊外部碰撞检查：在上阶段成果基础上，检查管廊与其外部雨污水管线、循环水管道等大型管沟廊道设施的空间关系（前提是其他管线廊道设施也建立了三维模型，并且在同一模型空间内），根据检查结果上弯或下沉管廊三维模型，以避让大型管沟廊道设施。

这一步骤可以使用SketchUp软件，表达管廊上下起伏的空间变化，精度达到表3-1城市三维建模精度的建构筑物LOD4精细模型。

（4）管廊附属设施设计：解决了管廊与外部管线的碰撞问题，接下来开始布置人孔、安装孔、正常出入口、集水井、通风井、防火墙、电缆隔墙以及各类阀组间等管廊附属设施，补充管廊局部构件的三维模型。

这一步骤可以使用SketchUp软件，表达管廊结构的局部细节三维模型，精度达到表3-1城市三维建模精度的建构筑物LOD4精细模型。

（5）管廊内部管线详细布置。上一步工作开展同时，根据第2步确定管廊断面时对管廊内部管线路径、位置的规划，结合管廊上下起伏变化等因素，细化管廊内部的管线布置和设计。管廊内部管线详细三维数字化设计需要在 SP3D 软件中开展，可以将固化设计的管廊构筑物三维模型导入这个软件中作为参考底图，然后使用 SP3D 软件完成管廊内部管线三维数字化设计并出图。

这一步骤主要使用 SP3D 软件开展工作，精度达到表 3 – 1 城市三维建模精度的管线模型的 LOD3 或 LOD4。

第四章

工程数据相关应用

在第三章节中主要讨论如何使用三维模型的方式来表达厂区建构筑物、管线、地形等物项，其中三维模型上附带的描述物项工程特征的属性信息是厂区数字化工作的重要组成部分。在平时工作中要有意识地收集、存储、整理相关信息，即各项厂区总平面规划布置和管理相关的工程数据，并根据需要建立起简单的数据库（如通过 Excel 数据表格对数据进行简单的管理），可以管理、查询、备份这些属性数据。此数据库一方面可以将厂区总平面设计碎片化的专业解释、零星分散的知识点结构化，提升专业人员的技术能力，方便统一培训；另一方面，这些数据以数据库的形式从设计阶段开始积累，经历施工建造阶段的完善补充，最终流转到核电站运行阶段，将变成核电站的数字化资产，辅助电站的日常运维。

这些数据信息的梳理成果是含有厂区建构筑物、室外管线设施属性数据的表格，这些数据表格一方面可以总结专业经验，提升总平面设计水平，另一方面随着三维建模工作的开展，数据将与三维模型合并，做到数模合一，所以属性信息表格与三维模型如何实现无缝衔接、实时更新、双向互动，是在以后数字化工作中需要关注的问题。

第四章不会深入介绍数据库相关的计算机技术，仅讨论如何利用简单的数据库工具来管理核电站厂区相关数据，重点描述有哪些数据需要梳理，梳理这些数据的意义，并讨论数据的终极利用方向。

第一节　数据库技术简介

数据库技术是一种研究如何借助计算机来辅助管理数据的方法，研究如何组织、存储和管理数据，如何高效地获取和处理数据。数据库有很多种类型，从最简单的存储各种数据的表格，到能够进行海量数据存储的数据库系统，数据库技术在各个方面都得到了广泛的应用。这里提到的 Excel 数据表格可以被视为一种简单的数据库技术，Excel 提供了一种方便的方式来存储和管理数据，但它的功能和性能相对有限，主要功能如下：

（1）数据存储：Excel 数据表格可以用来存储结构化数据，类似于数据库中的表。每个表格由行和列组成，行表示记录，列表示字段。

（2）数据操作：Excel 提供了一些基本的数据操作功能，如排序、筛选、查找和计算，可以使用这些功能来处理和分析数据。

（3）数据关系：Excel 数据表格通常是扁平的，没有明确的关系定义。

（4）数据查询：Excel 提供了一些查询功能，如使用公式进行简单的数据查询和汇总，相对于 SQL 查询语言，Excel 的查询功能相对有限。

（5）数据共享：Excel 数据表格可以通过电子邮件或共享文件夹等方式进行共享，这使得多个用户可以同时访问和编辑数据。

（6）扩展性和性能：相对于专门的数据库管理系统，Excel 在处理大量数据和复杂查询时可能会受到性能和扩展性的限制。

Excel 数据表格基本可以满足总图专业需要整理的数据类型和数据量，包括一些简单的关系型数据管理需求，如果更复杂的数据操作和分析，可以结

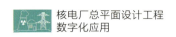

合 GIS 数字化平台来实现，GIS 数字化平台中有专门的数据库管理系统，如 MySQL、Oracle 等。

第二节　厂区建构筑物数据库

建立数据库，首先要理清楚有哪些数据，关于厂区建构筑物相关数据的梳理分为两个阶段，一个是满足设计阶段的工作需要，一个是满足核电站运维阶段的工作需要。

一、 设计数据库

对规划布置对象的了解程度决定了规划布置图纸的专业程度。我们在开展厂区总平面布置工作时，需要了解每个建构筑物的主要功能和工艺生产等相关信息，所以需要梳理每个建构筑物的编码、名称、规模以及该建构筑物在厂区是参与什么生产任务的，即功能描述等，在规划布置该建构筑物时从生产工艺角度对空间位置有何要求等。了解上述工程数据或信息，就可以决定全厂共有多少个建构筑物需要规划布置，然后将每个建构筑物规划布置在合适的空间位置。

绘制厂区总平面布置图时，需要绘制厂区主要技术经济指标表，表中需要统计梳理总用地及建构筑物、堆场、道路等物项的用地数据，还有建筑系数、道路广场系数、绿化率等，其中计算建筑系数要梳理出每个建构筑物的占地面积；另外，越来越多厂区在方案报批阶段要求提供容积率，容积率的计算则需要每栋房子的总建筑面积。

总平面布置图需要满足规范对于消防的要求，总图专业消防设计分为两大方面，其一是建构筑物之间消防间距的控制，即通过建构筑物在地理空间上拉开距离的方式，防止已经着火的建筑对周边其他建筑的影响；其二是建构筑物周边消防道路等设施的规划和布置，也就是用满足消防车通行的道路，把消防站设施与可能着火的建构筑物连通，保证消防车可以顺利灭火和救援。在控制消防间距时，需要参照《建筑设计防火规范（2018年版）》（GB 50016—2014）规范要求，根据建筑不同生产性质（厂房、仓库或民用）、层数或建筑高度、火灾危险性（甲、乙、丙、丁、戊）、耐火等级（一级、二级、三级、四级）以及其他参数（如油储量等）确定建构筑物之间的最小控制消防间距。

除了上述数据，实际工作中可能会积累更多来自各单位、各专业的数据。比如在开展单体建筑的局部总平面布置工作时，会产生表4-1中的数据。

表4-1　　　　　　　　　　厂区建构筑物单体属性信息表

子项编码	子项名称	生产性质	占地面积（m²）	总建筑面积（m²）	层数	建筑高度（m）	火灾危险性	耐火等级	其他
××	×××水泵房	工业厂房	20	80	1	6.60	丁类	二级	

随着厂区所有建构筑物单体设计的逐步完成，总平面布置图中各个建筑单体的信息也在逐步累积增多，汇总为厂区所有子项信息一览表，见表4-2。

表4-2　　　　　　　　　　厂区所有子项信息一览表

子项编码	子项名称	生产性质	功能描述及工艺要求	抗震设防烈度	设计使用年限（年）	子项规模	占地面积	总建筑面积	层数	建筑高度	火灾危险性	耐火等级	设计单位	子项版本	交通需求

二、 运维数据库

上述数据信息只是从设计阶段逐步积累完善，主要服务于设计阶段，随着厂区建构筑物的施工建造，进入厂区运行阶段时，电站管理方也需要这些数据信息，我们在南方某电站工程技术服务项目中，管理方提出更多更高的数据梳理要求。具体见表4-3厂区运维支持数据表，本表仅罗列建筑物的部分指标梳理项，对于各类构筑物（如水池、水箱、门架、气象铁塔、烟囱、隧道、管廊、沟、井、围墙等）和海工设施（护堤、挡浪墙等）需要梳理的指标项更多，共约 30 个指标项，约 15400 个数据，这里不再一一罗列。

表 4 - 3 在设计阶段表 4 - 2 厂区建筑子项一览表的基础上，新增了更多专业的信息（如结构类型、基础形式、耐久性等级等），新增了施工和竣工相关的信息（如施工单位、竣工时间等），同时对于设计阶段比较关心的交通需求、子项版本、子项规模、功能描述等信息，管理方在运维阶段不关心这些数据。电站管理方在运维阶段最关心的除了表 4 - 3 中的数据，还有改造修缮记录，包括了改造原因、改造开始时间、改造完工时间、改造类型、改造后技术指标变化情况、改造设计单位、改造施工单位等等数据信息。同时，为了方便核查数据是否准确，梳理表格最后都要标明每项数据的来源，如源自哪张图纸，要标明图纸号、名称和版本。

表 4 - 3　　　　　　　　　　厂区运维支持数据表

电厂名称	子项编码	子项名称	其他名称	结构类型	基础形式	生产性质	耐久性等级	耐火等级	火灾危险性	抗震等级	地上层数	地下层数	设计年限	设计单位	施工单位	竣工时间	占地面积	总建筑面积	建筑高度

运维阶段的各项指标，对于不容易理解的指标项简单解释如下，简单易理解的指标项不再详细解释。

（1）电厂名称：核电站的名称，用于有好几个分厂的情况。

（2）其他名称：对于某些建筑物可能在设计、运行的各个阶段，会更改名称，为了便于查询资料，所以要求罗列曾经使用过的其他名称。

（3）耐火等级：是衡量建筑物耐火程度的分级，一般分为一级、二级、三级、四级，这个指标在设计和运维阶段均比较重要，主要用来判断新增改造子项是否满足消防间距等规范要求。

（4）火灾危险性：是指火灾发生的可能性与暴露于火灾或燃烧产物中而产生的预期有害程度的综合反应，一般分为甲类、乙类、丙类、丁类、戊类，重要性同耐火等级。

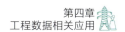

（5）设计年限：就是设计使用年限，指设计规定的结构或构件不需要进行大修即可按预定目的使用的年限（见表4-4）。

表4-4　　　　　　　　　　建筑结构的设计使用年限

类别	设计使用年限（年）
临时性建筑结构	5
易于替换的结构构件	25
普通房屋和构筑物	50
标志性建筑和特别重要的建筑结构	100

注　摘自《建筑结构可靠性设计统一标准》（GB 50068—2018）表3.3.3。

（6）耐久性等级：结构耐久性一般指在设计确定的环境作用和维修、使用条件下，结构构件在设计使用年限内保持其适用性和安全性的能力，是一个综合考虑各方面因素，用于评估建筑主体结构能够达到规定的设计使用年限的指标。

建筑耐久年限分为四级：

一级耐久年限：设计使用年限100年以上，适用重要建筑和高层建筑；

二级耐久年限：设计使用年限50~100年，适用一般建筑；

三级耐久年限：设计使用年限25~50年，适用次要建筑；

四级耐久年限：设计使用年限15年以下，使用临时建筑。

（7）结构类型：建筑结构是指建筑物用于承重的骨架，由基础、墙体、柱、梁、楼板、屋架等组成，结构类型一般分为砌体结构、钢筋混凝土结构、钢结构、木结构、预制装配结构、活动板房，以及框架结构和其他等形式，复杂建构筑物以主要结构类型为主。

（8）基础形式：基础是指建筑物地面以下的承重结构，基础形式一般分为独立基础、条形基础、筏板基础、桩基、无基础等形式，复杂建构筑物以主要基础形式为主。

（9）抗震等级：抗震等级是用于评估和设计建筑物抵抗地震影响的能力的分类系统，一般分为一级、二级、三级、四级等级别。

（10）安全等级：主要用于海堤、挡浪墙、护堤类设施的安全等级评价。

在《建筑结构可靠性设计统一标准》（GB 50068—2018）规范中指出，"建筑结构设计时，应根据结构破坏可能产生的后果，即危及人的生命，造成经济损失、对社会或环境产生影响等的严重性，采用不同的安全等级。"一般划分为一级、二级和三级，一级指破坏后果很严重，影响很大，二级指破坏后果严重，影响较大，三级指破坏后果不严重，影响较小。

（11）竣工时间：是指一个项目或建筑物的完工时间，采集指标数据时一般指建构筑物子项编制的《竣工验收报告》中的竣工时间。

（12）体积容量：是指一些厂区室外罐体，混凝土水池等设备或者建构筑物所能容纳液体或气体的空间大小，指标数据收集时主要查询子项的总说明书或者工艺说明书。

（13）海工设施防潮等级：是指设施在海洋环境中能够有效抵御潮汐、波浪、海水侵蚀等因素的能力，本指标属于海工工程（如护堤）相关的数据，具体指海工防护海浪（潮）的指标，一般分为 50 年一遇、100 年一遇、300 年一遇、1000 年一遇共四个等级。

三、 厂区其他数据介绍

在核电站总平面设计中，总图专业除了规划布置建构筑物设施，还有厂区道路交通设施。厂区道路设计时，一方面要满足各个建构筑物的正常生产运输需求，还要满足厂区施工建造、消防救援、应急疏散等要求，车辆是开展上述各种活动的重要工具，所以厂区道路场地设计需要满足车辆的各种运行参数，如宽度、高度、转弯半径、荷载重量等，以及车辆在吊装和装卸时对场地的要求，办公区域对人员上下班的要求等，梳理清楚核电站厂区各种车辆的数据信息，对总图专业开展厂区道路交通规划布置具有重要意义。

（1）正常生产运行中常见车辆。核电站典型工艺运输车辆总长约 20.00m，车宽 2.50m，车高 4.00m，还有其他如货物类型、车辆载重量、轴距、转弯半径等技术参数。

（2）施工建造期间车辆。核电站大型设备的运输和安装，施工物料的运输，施工人员上下班等活动中，常见车辆有大吊车、平板车以及常见混凝土运输车等。

德马格履带吊车 CC 8800 - 1 TWIN：最大起重能力 3200t，作业半径 32m 等。

混凝土运输车：总长约 8.40m，车宽 2.55m，还有载重量和转弯半径 等参数。

（3）消防救援车。德国曼消防车：外形尺寸总长 10.90m，车宽 2.50m，车高 3.65m。

抢险救援消防车：外形尺寸总长 6.71m，车宽 2.14m，车高 2.78m。

（4）其他车辆。核电站中压移动电源车：外形尺寸总长 20.00m，车宽 2.55m，车高 4.00m，还有总重量、转弯半径等参数。

第三节　厂区室外管网数据库

厂区室外管线数据分为两个阶段梳理，一个是设计阶段，一个是运维阶段。设计阶段的数据主要为设计服务，表达设计阶段关注的各项数据，包括管线代号、管线名称、管径、材质、埋设方式、根数、覆土深度、压力、流速流向等，主要获取途径为设计阶段的管线图纸，通过软件平台将设计人员设计的管线设计图纸转化为管线表格和管点表格；运维阶段的数据主要在设计数据基础上，增加了施工等环节的相关数据，更侧重于为厂区室外地下管网运行维护时服务，考虑到厂区室外管网施工过程中，经历了大量设计变更、现场修改，所以一般会对照设计阶段图纸和竣工图纸，委托有探测资质单位，采用现场实地探测形式收集所有室外管线的数据信息。

一、　设计阶段管网数据

厂区室外管线设计阶段的主要管线包括雨水管、污水管、消防管、生活水管、生产水管、除盐水管、氢气管、氮气管、循环水管等，每种管线从设计阶段开始，就开始产生数据，下面以污水管为例介绍设计阶段的部分数据信息，管线由点数据和线数据组成，分为管线段的数据表和管线点的数据表（见表4-5、表4-6）。

表4-5 污水管线段数据表

管线类型	管线名称	管代号	管道类型	管线材质	管段长度（m）	管径（mm）	起点坐标X	终点坐标Y	设计地面标高	管线接口形式	敷设方式	起点高程（m）	终点高程（m）	坡度	其他
污水	污水管	W	圆管	PVC	2	20	—	—	—	水泥砂浆抹带接口	直埋	××.×	××.×	0.003	—

表4-6 污水管线点数据表

管线名称	管点号	特征	附属物	地面高程	埋深	坐标X	坐标Y	井底高程	井深（m）	井盖材质	井盖尺寸	井尺寸	井材质	其他
污水管	WSXX	三通	窨井	××	20	—	—	—	1.5	直埋	—	直径1.0m	砖混结构	—

其中管代号（如污水管是W，雨水管是Y）是每个工程项目中按照习惯指定的，管道类型是指管道是圆管还是方管，管线材质以每个专业设计为准，常见材质有PVC管、钢管、不锈钢管、钢筋混凝土管等，管径一般指公称直径，需要关注，公称直径是指在工程领域中常用的一种标准尺寸，用于描述管道等圆形物体的直径大小范围，公称直径并不是管道的实际直径，与管道的实际尺寸可能略有偏差，是一种标准化的尺寸，实际设计中可以根据公称直径来选择合适的管件和配件，以方便设计交流。坡度主要用于雨污水管道等重力流管道，其他管道一般无坡度。附属物主要指连接管段的构筑物设施，主要有窨井、检查井等，其中窨井的井盖和井本身相关的数据也在统计中。

这些设计阶段管线的数据信息以前均散落于各专业的图纸和说明文件中，现在通过管立得软件可以直接将图纸转化为管网数据表格进行统一管理，设计固化后统一导入 GIS 数据库。

二、 运维阶段管网数据

随着项目设计、施工和运维的推进，管线表格会新增很多需要统计的数据信息，如设计单位、施工单位、监理单位、权属单位、埋设年代、探测单位、探测日期、数据录入人员、数据录入时间、所在文件编码等。

第四节　关于数据应用的思考

从工程数据角度看，上述两节介绍的建构筑物数据和室外管网数据仅是总图专业在工程数字化实践中有意识梳理的很少一部分，除此之外还有校审、评审以及施工、运维等环节反馈的经验数据，以及设计规范条文等，我们平时工作中时时刻刻在产生数据，梳理、清洗、结构化这些数据是一项持久且繁琐的工作，另一方面，如何有组织地利用好这些数据，并发挥数据的巨大作用，是今后随着数智化 AI 时代的来临，需要思考的问题。

人工智能（artificial intelligence，AI）是这几年的热门话题，各类云端 AI 大模型层出不穷，其中通用型大模型有百度的文心一言，阿里的通义千问等，行业大模型有蜜度的文修大模型等，但是目前面临的一个问题是国内还没有出现爆款级应用，其主要原因在于现有大模型未能在垂直行业应用中深入挖掘，由此可以看出以后 AI 大模型发展趋势就是不断在各个行业深耕。行业大模型具有模型参数小、专业性强、数据安全要求高等特点（如核电行业），这一点也是体现行业大模型价值，在各个企业落地的关键。

数据是人工智能的三大基石之一，高质量的训练数据集更是行业大模型应用的重点，数量越多，质量越高的数据越能够训练出更"聪明"的 AI 模型，行业大模型结合企业内部大量高质量的专业数据，可以为企业内部各个层面的经营场景提供服务。

我国在《新一代人工智能发展规划》中提到"大数据驱动知识学习……成为人工智能的发展重点",核电站工程设计、施工建造、运维过程中产生大量数据,如何使用这些数据建立核电行业知识学习大模型,是 AI 众多应用中一个重要分支。可以通过数据梳理工作,整理出与准备建立的知识学习大模型相关的部分;通过数据预处理将各种文本转化为模型可以理解和处理的形式;通过特征提取和模型选择,就可以用预处理的数据和选定的模型架构进行模型训练,反复迭代,使模型逐渐学习到核电行业工程数据的模式和规律;训练完毕后还要开展模型评估,评估模型的性能,然后反馈优化和提升模型。

上面这个知识学习大模型可以作为核电行业的自然语言处理(natural language processing,NLP,是一门研究人类语言和计算机如何交流沟通的语言大模型,属于 AI 中专注于处理自然语言的一个子领域)应用模型,根据模型架构不同,可以实现工程信息的检索、辅助设计(为设计过程提供设计经验反馈,提醒容易犯错的风险点)、说明文本自动生成、智能问答(在人员培训中提供统一权威的专业知识)、合规审查(规范条文符合性)等功能。

NLP 技术在国内其他行业应用很广,比如百度的文心一言就是基于 NLP 技术的通用型大模型,可以通过用户问答形式生成高质量的回答文字;法律领域在 NLP 行业大模型方面也有很多案例,主要使用各种案例文书、法律法规、司法解释、工商信息、法学文献等资料训练大模型,可以实现判决预测、智能案例检索、智能问答、智能推荐、合规审查和风险提示等功能。

近年来,随着计算能力的提升和算法的不断改进,产生于 20 世纪 50 年代的 AI 技术取得了巨大的突破,相信随着工程数字化、智能化的推进,AI 技术可以在工程领域的自动化设计、智能辅助设计等方面取得更大发展。

第五章

地理信息系统应用

前面几个章节提到的软件大多应用于设计阶段，其生产的各类模型和数据大多是设计成果。与此不同的是，本章提到的 GIS 软件主要应用于电厂运维阶段，主要用来对上面几个章节产生的各种类型成果数据进行管理。

第一节　地理信息系统概述

一、　概述

几乎所有事情的发生都有地点，人类活动主要局限于地球表面及其附近地区。我们可以行走在地表，飞行在大气层，通过廊道行走于地下，我们也可以开山建造核电站，可以挖沟敷设管线，而描述和管理这些活动，很重要的一点就是确定这些活动发生的具体地理位置。因此，地理位置是各类生活和生产活动的一个重要属性，人们使用地理信息系统（geographic information system，GIS）描述、管理和分析这些活动。

GIS 是利用计算机硬件和软件系统，对地球表面空间中，和地理位置有关的数据进行基本的采集、储存和管理，进一步进行各种数据运算、分析、显示和描述的整套技术系统。GIS 同时是一套决策支持系统，GIS 具有信息系统的各种特点，GIS 与其他信息系统的主要区别在于其存储和处理的信息是经过地理编码的，地理位置及与该位置有关的地物相关信息成为信息检索的重要部分。

GIS 由以下几个方面组成：

（1）电脑硬件：工欲善其事，必先利其器。计算机电脑硬件的性能主要影响到软件系统对数据的处理、浏览等各种操作响应速度。在已经开展的各个数字化项目中，常常是数字化成果交付后，接收方无法顺畅查看数据，尤其在浏览大型三维模型数据时，所以，我们一般会要求使用台式机运行 GIS 软件，优点是散热好，而且相对价格便宜；硬盘空间最好大一点，至少配置 1～2TB 固态硬盘（简称 SSD），并根据存储数据数量灵活调整；电脑内存配置到 16～64G；为了良好体验三维可视化界面，电脑显卡配置至少达到 RTX 3060 或者 GTX 1060 及以上。

（2）电脑软件：硬件环境配置好后，还需要与之配套适用的软件系统，这里软件系统主要有电脑的操作系统，一般至少安装 Windows server 2016 系统，如果用作展示浏览三维模型的电脑，建议操作系统是 Windows 10 及以上；由于 GIS 需要进行数据库操作，还需要安装数据库管理系统，建议至少使用 SQL server 2016 版本，此处的 SQL Server 是一个可扩展、高性能、为分布式服务器计算而设计的数据库管理系统；还有 GIS 软件相关平台，GIS 软件是开展专业的数据处理的核心平台，需要根据企业自身的业务特点进行定制开发，常见的业务场景有室外综合管网信息化系统、地质二三维一体化系统等；最后还有如微软的 Excel 软件、CAD 软件以及各种三维相关软件等，用于对数据进行各种生产和处理。

（3）人员：人员是 GIS 中最重要的组成部分之一，可分为平台开发人员和行业应用人员。基于 GIS 平台开发工作的软件开发人员需要有计算机专业背景，主要任务是开发 GIS 基础软件相关的程序，还要根据各行各业的应用需求，开发适合行业使用的各种二次开发应用平台，如厂区室外综合管网信息化平台，就是在 GIS 基础平台架构上针对室外管线的各种应用需求开发的典型应用平台，还有地质、水处理、城市行政管理等方方面面；基于 GIS 软件的应用人员需要有各行各业的专业背景，主要任务是根据各行各业的工作特点、需要解决的问题等行业痛点，梳理行业应用的需求，并根据需求构架 GIS 技术在行业中的应用场景，以解决行业中的各种实际问题，提升行业数字化水平。

（4）数据：数据是 GIS 的核心和目的，占 GIS 数字化工作约 70% 的工作量。

GIS 主要是进行数据管理的，其数据成果表现形式最初是地图，主要用于纸质版平面地图的数字化（即生产电子地图），随着 GIS 的不断演化，成果由二维数字化地图发展到三维数字化地图（即地理信息三维可视化），逐渐覆盖卫星影像地图、BIM 三维模型、实景三维模型以及各种类型的数据信息等。

GIS 技术把地图这种独特的视觉化效果和地理分析功能与一般的数据库操作（例如查询和统计分析等）集成在一起，更进一步对空间信息进行分析和处理，一句话总结，是对地球上存在的现象和发生的事件进行成图和分析。

从某种角度讲，GIS 属于信息系统的一种，与其他信息系统不同在于，它能够操作和处理地理数据，也就是用于描述地球表面客观存在的各种建构筑物、道路广场、山川水系、植被景观等空间要素的位置信息和属性信息。位置信息是指空间要素位于什么空间位置及其几何特征，属性信息则是指与上述空间要素相关的各种信息。对照 BIM 的理念，GIS 数据同样分为几何信息和非几何信息两类，所以简单描述我们的数字化工作，就是解释清楚地球空间某个位置有什么事物，是什么样子的，并描述清楚其名称、用途、运行规律、注意事项等信息。

上述数据只是静态数据，就是某个时间点事物的状态，GIS 数据还具有时间属性，就是事物随时间变化呈现出的不同状态，如不同时间段的卫星影像数据，更进一步，随着传感器、探测器的发展和应用，这类动态监控或者实时感应的数据会与 GIS 融合，向智能化的方向发展。

二、 发展历史

GIS 技术的雏形出现于近代 18 世纪，随着现代勘测技术的出现和发展，人类可以绘制准确的可测量的地形图，并在城市管理等方面广泛应用，其中有很多专题地图很出名，例如 19 世纪中期，工业化的发展导致英国伦敦市卫生环境极差，从而引发了霍乱的发生。因为当时医疗条件差，人们对霍乱的认识还不足，有人就认为是瘴气病，通过空气传播的，其中有一个麻醉师约翰·斯诺则认为是城市的水污染导致的本次疫病，为了证明猜想，约翰·斯诺找来伦敦市的地图，首先为了突出疫病与地理空间的关系，将与疫病无关的地图细节简化绘制，也就是用一个个点符号代表霍乱发病地点，绘制于地图上，然后发现位于宽街的水泵周边的点最多，其他位置的点比较少，于是通知当地政府关闭宽街的水泵，最后发现霍乱病例逐渐变少，从而找到疫病的源头，制止了霍乱大面积扩散，这里的地图就是大名鼎鼎的霍乱专题地图，也是 GIS 空间分析的典型应用案例。

公认的 GIS 技术诞生于 1962 年春天，当时在从渥太华飞往多伦多的班机上，GIS 之父 Roger Tomlinson 遇见了加拿大土地调查局的主管，讨论了很多计算机制图应用在土地利用规划方面的想法，于是 1967 年世界上第一个真正投入应用的 GIS 由 Roger Tomlinson 主持开发，这个系统被称为加拿大地理信息系统（CGIS），需要将 250 万 km^2 的土地和水资源"绘制"在地图上，CGIS 的出现大大节省了专业人员的工作时间和项目成本。CGIS 是"计算机制图"应用的改进版，它提供了资料数字化/扫描功能，主要硬件包括了主机、磁带机（存储设备）、读卡机（输入设备）、滚筒扫描仪（输入设备）、打印机（输出设备）等，整体设备需要一个独立的房间才能放得下。CGIS 以数据库为核心，由数据输入和数据查询分析两大流程组成。CGIS 一直使用到 20 世纪 90 年代，并在加拿大建立了一个庞大的数字化的土地资源数据库。

随着计算机图形学的诞生和图形交互系统的发展，使得 GIS 可以真正地绘制地图，计算机图形学使得计算机可以生成、展示、处理图形，而图形交互系统通过专门的图形软件使得专业人员可以与电脑中的图形进行生产和编辑等交互操作，即可以用于制图。值得一提的是，1964 年哈佛大学实验室成立，也就是计算机图形和空间分析实验室，并于 1966 年成功开发了第一个栅格 GIS，SYMAP。1969 年实验室的学生叫杰克·丹杰蒙德创立了美国环境系统研究所公司（ESRI），ESRI 于 1981 年推出了第一款商业化的 GIS 产品 ArcInfo，开启了 GIS 的商业化时代，ArcInfo 是第一个重要的，为微型计算机设计的，基于矢量和关系型数据库数据模型，并设立了新的产业标准的商业 GIS 软件。除了 ESRI，同时代的还有鹰图（Intergraph）、MapInfo 等优秀的 GIS 公司。1986 年出现的 MapInfo 是第一个桌面 GIS 产品，该产品定义了一个新的 GIS 产品标准。随着时间发展，国内也出现了国产 GIS 软件公司，如 MapGIS 和超图（SuperMap GIS）等，极大地推进了中国 GIS 技术的发展，这些软件平台将在本章第二节中做详细的介绍。

1978 年，受中国科学院院士陈述彭之邀，ESRI 的创始人杰克·丹杰蒙德第一次访问中国，开展了很多专业问题的交流，随后 1980 年我国第一个地理信息系统研究室中国科学院遥感应用研究所成立，标志着国内开始地理信息系统相关研究。经历了几年的起步发展，我国地理信息系统在理论探索、硬件配置、软件研发、规范制定、局部系统建立、初步应用实验和技术队伍培养等方面都取得了进步，积累了经验，为全国范围内开展地理信息系统的研究应用奠定了基础。

近些年，随着互联网技术的不断发展，人们开始突破局域网单个计算机的限制，走向更加广阔的广域网世界。当互联网技术在 GIS 技术中开始应用时，便出现了 Web GIS，Web GIS 是互联网技术和 GIS 技术相结合的产物，是利用互联网 Web 技术来扩展、完善 GIS 的一项新技术，这种基于客户端/服务器的分布式计算模式，使得 GIS 用户可以远程登录 GIS 数据服务器，对数据进行查询、统计、分析等操作，比如 MapGIS 平台就分为 C/S 端和 B/S 端，C/S 端负责数据的生产和维护等操作，B/S 端负责远程在线进行数据的展示，可以进行查询、统计以及相关分析。正如教科书中所说："Web GIS 将使 GIS 进入千家万户"，这里的"千家万户"指远程使用网页登录 GIS 数据库的广大数据用户，其意义在于用户不再需要安装复杂的客户端软件平台，只要输入网址就可以远程使用 GIS 平台。这个阶段比较有代表性的公司就是谷歌地球（Goole Earth），谷歌将高分辨率的影像放到网上，让所有人都可以在网上看到整个地球的实景照片。

三维可视化技术的兴起对以往的"平面"GIS 技术提出了更多的要求，这就是三维 GIS（也叫 3D GIS）技术，3D GIS 将原二维平面的地图发展成为了三维立体的地图，这是一项综合性的技术发展，中间伴随着计算机图形技术、三维可视化技术、空间数据结构技术等其他技术发展的支持，相信随着各行各业跨界融合思维的兴起，GIS 除了自身发展，也会不断地融合其他行业各类新技术，进化为更加先进的生产工具，应用于各行各业。

三、 应用状况

GIS 技术最早产生于国土资源的管理，经历不断发展，目前已广泛应用于土地利用规划系统（土地利用规划和管理）、环境监测与管理系统（空气、水质、噪声等环境污染监测和管理）、基础设施管理系统（城市道路、管网、电力通信等设施的规划与管理）、地图服务（提供地理信息数据和服务，包括空间分析和定位导航服务等）、农业（农业生产和资源管理、农作物监测等精准农业、病害控制等）、自然资源管理系统（森林、水资源、野生动植物的保护和管理）、房地产（规划设计、土地评价、房产销售等）、城乡规划（土地开发强度、交通可达性、人口分布和规模分析等）、应急管理（了解灾情、支持救援）、勘探（矿产和石油的分布数据管理和最佳钻探位置选择等）、交通（出行时间分析、综合货运网络分析等）、电力（电力线路规划、短路故障分析、智慧巡更）等各行各业，提供 GIS 相关的各种技术支持，GIS 的应用还可以无限拓展，ESRI 的创始人杰克·丹杰蒙德曾经说：GIS 的应用只与一件事有关，那就是想象力。

GIS 的应用已经很广泛，这里不再一一列举，下面通过厂址位置选择的应用案例简单说明 GIS 应用的流程。

首先要梳理厂区对选址的需求，比如厂区所在范围要坡度小，相对平坦；厂区周边要有主要交通干道，方便物料运输；一个小时内可以将厂区生产的物料运输至客户，方便销售产品；考虑到设备维护成本，冬天室外温度不能低于零下 30℃；厂区所在地块要属于工业用地，而且不能占用基本农田等。梳理完需求就开始准备数据，先找到目标区域的卫星影像地图，目标区域可能是某个省域范围，可能是全国范围，这个根据项目实际情况确定，然后以卫星影像地图为底图叠加后续数据进行分析。

（1）厂区要坡度小于 8% 的相对平坦场地。为了满足这个要求，就需要地形数据，目前最常用的地形数据就是 DEM 数据，这个数据在网上各个权威网站有免费资源，免费数据精度较差，一般为 12.5m 或 30m，我们可以使用无人机倾斜摄影技术对目标区域进行建模，得到更加精确的 DEM 模型，满足项目实际使用。有了 DEM 就可以利用 GIS 软件进行目标区域内的坡度查询，太陡峭的地方，不适合布置厂区的区域就排除，剩下就是坡度这个条件适合的区域范围。

（2）厂区周边要有主要交通干道，距离厂址不要远于 10km。为了满足这条，我们需要目标区域的路网矢量数据，将路网数据叠加到底图，对交通主干道进行缓冲区分析，筛选出道路两侧 10km 的缓冲区范围。

（3）需要首先将客户的位置资料输入进 GIS 平台，然后以客户位置点为中心，结合道路网络数据，建立汽车行走 1h 路程可到达的最远缓冲区范围。

（4）关于厂区室外温度不能低于零下 30℃ 的要求，就需要根据"历史气象数据"，在厂址选择的目标区域排除历年冬天最冷低于零下 30℃ 的地域范围，留下的区域就是满足建厂条件的区域范围。

（5）要求厂区所在地块要属于工业用地，而且不能占用基本农田，这就要参考目标区域内的城市用地属性图和用地性质图，将上述图纸录入 GIS 平台作为矢量数据保存，选择其中的工业用地地块的数据，排除基本农田地块的数据，剩下就是适合建厂的区域范围。

完成上述工作后，我们就可以使用 GIS 将满足每一个条件的地图数据或者矢量数据叠加起来，确保不适合的用地都被排除，剩下的区域都是适合建厂的区域，这种 GIS 分析方法称为叠加分析。

整个选址过程中涉及的数据类型复杂，有各种栅格和矢量数据，也有各种专题数据如 DEM 数据、属性数据等等，有些数据是权威网站发布的（如美国地质调查局 USGS，如国家气象、地震科学数据中心等政府网站），有些数据的获取还需要使用特殊的手段，中间还涉及到地质、气象等多专业数据的积累，而且在实际工程项目中涉及的选址因素会更多，条件会更加复杂，所以整个选址分析过程是一个系统性工程，涉及各个专业和政府部门的配合。

四、 GIS 数据格式

GIS 平台表达对象的数据一般分为离散对象（如建构筑物轮廓）和连续对象区域（如影响范围或者用地范围等），这两种对象在 GIS 平台中存储数据的类型主要有矢量数据和栅格数据，两种数据格式各有优缺点，详细介绍如下。

1. 矢量数据

矢量数据是指由点、线、面等几何形状组成，对象有具体的坐标（x，y），一般用于准确表达建构筑物、道路、室外管线等设施。这些由点、线、面组成的几何实体可以表示不同的地理现象、特征以及场景。点一般指具有确定位置信息的几何实体，可以表示一个忽略了具体尺寸的地理位置或物体，如采样点、独立树等点状物体；线是指由一系列点相连而成的几何实体，可以表示道路、河流、管道等线性特征对象；面一般由一系列线构成的封闭几何实体，可以表示建构筑物、厂区用地红线等区域特征。图 5 - 1 所示为点、线、面矢量数据示例。

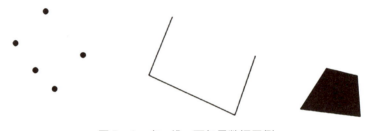

图 5 - 1　点、线、面矢量数据示例

矢量数据文件格式最常见的是 Shapefile 文件，它是一种常用的 GIS 数据格式，用于存储理空间数据和属性数据，是 GIS 行业的标准文件格式。Shapefile 文件包含 SHP、SHX 和 DBF 三部分，其中 SHP 是要素几何，SHX 是形状索引位置，DBF 是属性数据，另外还有关于投影坐标的 PRJ 文件，关于元数据的 XML 文件等。另外还有用于基于 Web 映射的 GeoJSON 格式文件；还有 Google Keyhole Markup Language（KML/KMZ）文件，一般被 Google Earth 使用，KML/KMZ 在 2008 年成为地理空间联盟的国际标准。

这些矢量数据是可以通过 GIS 软件平台绘制和编辑，也可以通过 CAD 文件转换，矢量数据的外形和 CAD 软件中的线条一样，只是在 GIS 软件中可以承载更多信息。

2. 栅格数据

栅格数据就是将空间分割成有规律的网格（一般指正方形的规则格网），

像一幅用小积木（其实是像素）拼接起来的画，每一个网格称为一个单元（栅格像元或像素），是最小的基本单元，并在各单元上赋予相应的属性值（如 DEM 数据就赋予了高度信息，卫星图片就赋予不同颜色，用不同颜色表达不同的地物）来表示实体的一种数据形式，在实际运用中，点由一个栅格像元来表示，线由一定方向上连接成串的相邻栅格像元表示，面或区域由具有相同属性的相邻栅格像元的块集合来表示，遥感影像属于典型的栅格结构，每个像元的数字表示影像的灰度等级，如图 5 - 2 所示。

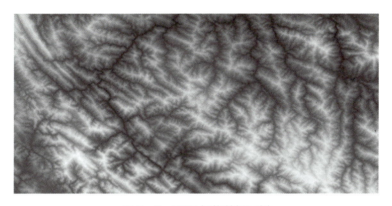

图 5 - 2　DEM 栅格数据示例

栅格数据的缺点就是难以表达不同要素占据相同位置的情况，这是因为一个栅格只能被赋予一个特定的值，所以一幅栅格地图仅适合表达一个主题，如土地利用专题图、地面高程专题图等。

3. 矢量数据和栅格数据的比较

矢量数据与栅格数据似乎是两种截然不同的空间数据结构，矢量数据"位置明显、属性隐含"，而栅格数据"属性明显、位置隐含"。

矢量数据操作则比较复杂，许多分析操作（如两张地图的覆盖操作，点或线状地物的邻域搜索等）用矢量数据实现十分困难，矢量数据表达线状地物是比较直观的，而面状地物则是通过对边界的描述而表达；栅格数据操作总的来说比较容易实现，尤其是作为斑块图件的表示更易为人们接受。栅格数据除了可使大量的空间分析模型得以容易实现之外，还具有以下两个特点：

（1）易于与遥感（RS）相结合。遥感影像是以像元为单位的栅格数据，可以直接将原始数据或经过处理的影像数据纳入 GIS 的栅格数据。

（2）易于信息共享。目前还没有一种公认的矢量地图数据记录格式，而不经压缩编码的栅格格式则易于为大多数程序设计人员和用户理解和使用，因此以栅格数据为基础进行信息共享的数据交流较为实用。

无论哪种数据结构，数据精度和数据大小都是一对矛盾，要提高精度，矢量数据则需记录更多的线段节点，而栅格数据需要更多的栅格单元，但是在表达同样对象时，栅格数据则更大。矢量数据在计算精度与数据量方面的优势也是矢量数据比栅格数据受到欢迎的原因之一，采用矢量数据记录数据量大大少于栅格数据的数据量。

许多实践证明，栅格数据和矢量数据在表示空间模型上可以是同样有效的，对于一个 GIS 软件，较为理想的方案是采用两种数据结构，即栅格数据与矢量数据并存，对于提高地理信息系统的空间分辨率、数据压缩率和增强系统分析、输入输出的灵活性十分重要。两种格式的比较见表 5 - 1。

表 5 - 1　　　　　　　　　　　矢量数据和栅格数据对比表

	优点	缺点
矢量数据	1. 数据结构紧凑、冗余度低 2. 有利于网络和检索分析 3. 图形显示质量好、精度高	1. 数据结构复杂 2. 多边形叠加分析比较困难
栅格数据	1. 数据结构简单 2. 便于空间分析和地表模拟 3. 现势性较强	1. 数据量大 2. 坐标投影转换比较复杂

五、 GIS 的基本功能

虽然各个厂商开发的 GIS 软件各有不同，但是 GIS 的基本功能是所有相关软件平台都具备的，了解 GIS 的基本功能可以让我们理解 GIS 是用来做什么的，GIS 有哪些特长，有哪些短板，以便我们在应用时做出合理的选择，以下是比较典型的常见基础功能。

（1）地图制图：GIS 可以将地理数据可视化为地图，通过符号化、标注、渲染等方式展示地理信息，帮助用户更好地理解和分析数据。

人们使用地图的历史很悠久，有战国时期刻于铜板上的《兆域图》，有宋代刻于石板的《禹迹图》等，后来发明纸张后，纸质版的地图就成为了地图的主要载体，一直沿用至今。随着数字化技术的发展，地图也逐步地升级为虚拟的数字地图，而GIS在地图数字化的过程中扮演着主要角色，所以GIS类软件都有地图"基因"，都可以地图制图、地图编辑、图框制作等相关操作。

随着互联网技术的不断发展，为了适应导航等行业的应用，人们又开发了基于互联网的瓦片地图，瓦片地图利用金字塔模型在不同级别显示地图，是一种多分辨率层次模型，每一层级对应一定比例尺，比例尺的选择可以清晰表达地图内容为准。简单理解瓦片地图，就是一个立体的多层级的地图，每一层对应一个图级（图级就是地图级别，指地图上显示细节程度），每个图级都是一幅固定比例尺的电子地图，而每张电子地图都是由很多片小地图组成，如图5-3所示。

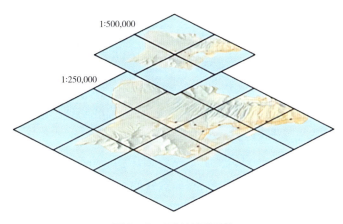

图5-3　瓦片地图原理

在奥维互动地图软件中，图级1可以看到全世界范围，图级16-17基本可以全览一个100公顷范围的厂区，图级20可以辨认清楚厂区内4.00m宽的消防车道。当需要下载某范围卫星地图时，也可根据项目实际情况，选择合适的图级。

（2）数据管理。GIS 主要是用来管理地理数据库的，地理数据库就是结构化的地图数据，GIS 主要功能包括创建数据库、存储数据、转换数据、编辑和备份数据等。数据的来源是多方面的，可以直接绘制简单的几何线条数据，也可以通过现场测量获取各种管线表格数据，可以通过倾斜摄影或者激光点云设备获取实景三维模型，可以通过 CAD 设计图纸转换，可以获取遥感影像或者通过其他数据库导入。数据格式也是多种多样的，有表格、图片、文本、视频等各种来源的数据。

需要关注，GIS 被创造出来就可以绘制地图，这里地图和总平面设计图是有区别的，地图只要按照规定的抽象的符号重绘现实世界即可，符号只要足够多，就可以一次直接表达清楚；而设计图表达预想中的世界，刚开始画图是不确定的，需要从方案到施工图一版又一版地修改，直到最后定稿。综上所述，虽然 GIS 可以绘制简单的几何线条，但是对比设计软件工具，无论在绘图习惯、绘图内容还是绘图效率等方面都有较大不同，所以 GIS 软件不适合绘图设计，更适合数据管理和分析。

（3）空间分析。绝大多数 GIS 软件平台都有空间分析功能，空间分析早已成为 GIS 软件平台的核心功能之一，尤其是对地理信息（特别是隐含信息）的提取、表现和传输功能。地理空间分析是 GIS 系统区别于其他信息系统的重要标志，即基于已有地理数据库，可以对数据进行各种空间分析，以得到各种需要的分析成果。空间分析包括了一般的空间查询、量算和统计分析，也包括了二维数据常见分析如缓冲区分析、叠加分析、网络分析等，可以从地理数据中提取有用的信息，还有三维数据常见分析有洪水淹没、坡度/坡向分析、填挖方分析、地形剖切、地形距离量测等。

缓冲区分析就是在点、线、面实体周围建立一定宽度范围的多边形。换言之，任何目标所产生的缓冲区总是一些多边形，这些多边形将构成新的数据层。点的缓冲区，以点的中心坐标为圆心，做半径为缓冲半径的圆；线的缓冲区，根据左右半径的设置形成缓冲区；面的缓冲区，将原始面区域图元边界向外或向内偏移缓冲半径大小后的区范围。

叠加分析就是将点、线、面不同的数据在同一坐标系下进行叠加，可以取其并集（即两个数据一起组成的范围）或者交集（即两个数据的重叠部分），这个功能在上文应用案例中已详细介绍过，详细见表5-2。

表5-2   叠加分析运算表

数据类型	叠加分析运算			
	求并集	求交集	相减	判别
点对线		√		
点对区		√	√	
线对点				
线对线	√			√
线对区	√	√	√	√
区对点		√	√	
区对线		√		
区对区	√	√	√	√

洪水淹没分析主要基于 DEM 数据，根据设定的淹没高度，计算出目标区域被洪水淹没的范围。

坡度坡向分析和挖填方分析同样基于 DEM 数据对原始地形进行各种坡度查询、坡向查询、土石方计算等，其中土石方计算的精度取决于 DEM 数据的分辨率。

网络分析功能包括路径分析、连通分析、流向分析、资源分配、网络追踪以及查找最近设施，查找服务范围、多车送货、定位分配等，上述分析是基于 GIS 中的数据具有拓扑关系，不是孤立的点和线，属于网络类数据，常被用于构建和分析交通网络模型。

上文提到的拓扑关系在这里稍微展开描述下，拓扑一词源于希腊文，意思是"形状的研究"，拓扑学是几何学的一个分支，主要研究在拓扑变化下能够保持不变的几何属性，即拓扑属性。也就是说，从现实世界抽象出来的录入 GIS 的点、线、面要素数据之间的空间关系，不会随着拉伸、缩放等操作而改变。拓扑关系反映了空间实体之间的逻辑关系，它不需要坐标、距离信息，不受比例尺限制，也不随投影关系变化，所以，只有建立了拓扑关系的数据才能被用于空间分析。拓扑关系常见类型如图5-4~图5-8所示。

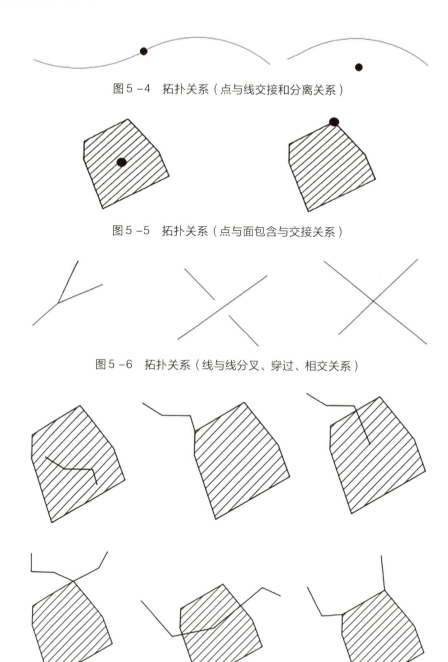

图5-4　拓扑关系（点与线交接和分离关系）

图5-5　拓扑关系（点与面包含与交接关系）

图5-6　拓扑关系（线与线分叉、穿过、相交关系）

图5-7　拓扑关系
（线与面关系依次为线在面中、线端与面接、线与面交、线与面顶点交、线穿过面、线与面边界交）

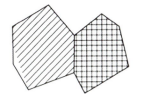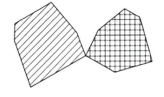

图 5-8 拓扑关系（面与面相邻、孤岛、相接关系）

（4）三维可视化。3D GIS 的主要功能分为两个方面，一个是对 DEM 进行各种三维地形分析，包括坡度、坡向、汇水面积、淹没范围等三维空间分析；另一方面可以导入各种三维模型，并可以进行查询、定位、浏览等操作，以及三维场景漫游、三维地形分析，三维模型构建等。虽然 GIS 的三维相关功能增加了很多，但是 GIS 本身并不能建立复杂的三维模型，更侧重于对三维模型的存储和管理，对三维模型的各类空间分析。

六、 GIS 技术与其他数字化技术的关系

1. GIS 与 CAD

GIS 技术与计算机辅助设计（CAD）技术比较类似，它们同样使用抽象的符号化语言来表达现实世界，如点、线、多边形等矢量线条，但是 CAD 仅绘制对象的几何图形，并通过少量文字另外单独描述对象的工程属性信息，GIS 则将几何线条和对应的工程信息通过数据库形式结合在一起，即图面上看起来是一根线，点击线条会弹出描述工程信息（有文字和图像等多种形式）的对话框。

GIS 中的线条图形之间具有关联性（如拓扑空间关系、网络关系等），所以 GIS 可以对这些线条进行空间分析，CAD 的图形则仅是简单的几何线条，无法建立起关联性，更无法开展相关空间分析。

GIS 对工程数据的存储量远远大于 CAD，CAD 在工程中绘制的几十张图纸可能在 GIS 中只要一个数据库，GIS 数据库对各种类型海量异构的工程数据都可以存储并流畅展示，实现一个工程项目一个数据库统一管理。

2. GIS、RS 和 GNSS（合称 3S 技术）

3S 技术是应用于空间的一项综合性技术，涵盖了物联网传感器，卫星定

位、计算机以及通信等多项技术，3S 主要用于对空间相关信息进行采集、处理、管理、分析、展示等。3S 技术实现了对现实地理世界静止的和运动的事物的管理，GIS 在其中充当数据中枢，遥感 RS 负责拍照采集数据信息，GNSS 负责给数据赋予任意时间的位置信息。

首先，随着 RS 技术的发展，航空照片和卫星影像技术在各行各业的应用也在不断深入，RS 技术通过地理影像数据描述现实世界，一般数据格式是栅格格网模型，GIS 可以录入这些栅格数据并分析数据要表达的信息。所以 RS 是 GIS 的重要数据源和数据更新手段，相反，GIS 则是 RS 中数据处理的辅助手段，用于地物语义和非语义信息的提取，这里的 RS 已经在第二章详细展开描述。

其中全球导航卫星系统（global navigation satellite system，GNSS）指所有卫星定位系统，包括全球定位系统（global positioning system，GPS，美国研制发射的一种以人造地球卫星为基础的高精度无线电导航的定位系统）、北斗卫星导航系统（Beidou Navigation Satellite System，BDS，中国自行研制的全球卫星导航系统），另外还有欧盟的伽利略卫星导航系统、俄罗斯全球导航卫星系统等。利用卫星定位系统可以直接测定地面上物体任意时间，任意地点的三维坐标，与 GIS 结合使用，可以实现电子导航，可用于交通管理、公安侦破、自动导航，同时也可以用作 GIS 动态位置数据实时更新的手段。

3. GIS 和 BIM

这个组合技术是最近比较热门的应用方向，GIS 和 BIM 都可以对现实世界进行模拟，但是 GIS 不负责建三维模型，即使有模型，也是从 BIM 导入，或者预设存入的 BIM 模型，GIS 的核心功能是建立数据库，分析数据。

通过 BIM 我们可以建立复杂的建构筑物三维虚拟空间，但是建构筑物存在于具体的地理环境中，并且是环境的一个组成部分，建构筑物与其周边环境相互影响，比如建构筑物周边的地形地貌如何，是否容易发生洪水，附近的交通是否便捷等，这些问题从 BIM 角度很难说清楚，BIM 的边界只延伸到建构筑物的外墙，外墙以外的室外工程环境，需要更广泛的 GIS 地理空间视角来解决。因此，这就是集成这两种工具的主要好处：GIS 是森林，BIM 是树木，一个负责对单个结构进行错综复杂的详细模拟，而另一个则负责充实这些结构一旦建成后其存在的环境空间。GIS 指导建造什么项目、如何建造以及在哪里建造；而 BIM 反过来又为以 GIS 为代表的更大的建筑环境增加了细节和复杂性，一个好的设计作品应该从宏观到微观全面考虑，不应偏废任何一方面。

4. GIS、BIM 和 IoT（合称 CIM 技术）

根据住房和城乡建设部 2021 年 5 月发布的《城市信息模型（CIM）基础平台技术导则》中对城市信息模型（city information modeling，CIM）的定义：以建筑信息模型（BIM）、地理信息系统（GIS）、物联网（IoT）等技术为基础，整合城市地上地下、室内室外、历史现状未来多维多尺度空间数据和物联感知数据，构建起三维数字空间的城市信息有机综合体。

这里介绍下 IoT 相关技术。IoT 全称是 Internet of Things，即物联网，是指通过互联网连接和通信技术，将各种物理设备和传感器与互联网相连，实现设备之间的数据交换和智能控制。IoT 可以实现设备的远程监控、数据采集和分析，为各种应用场景提供智能化的解决方案。在 GIS 和 BIM 中，IoT 可以用于实时监测和管理厂区设备、环境参数等信息，提供更精确的数据支持。

CIM 平台的总体架构包括：

（1）设施层：主要用于数据的接收处理和采集，包括信息基础设施（接收数据）和物联感知设备（采集数据），感知设备主要涉及各类建筑监测、管网监测、气象监测、交通监测、生态检测以及安防等，可以感知设备的定位、接入、解译、推送和调取等。

（2）数据层：主要包括各类基础数据如 GIS 地图数据，建构筑物 BIM 数据，管网基础设施数据等，还有土地、气象等专题资料，以及获取的物联感知数据等。

（3）服务层：主要指 CIM 平台的主要功能，包括数据的存储和管理，查询和可视化，空间分析，接口衔接等。

（4）应用层：指主要应用服务于哪些行业，如城市政务服务、智慧医疗、智慧交通、城市市政管网、智慧水务等。

（5）用户层：主要指使用 CIM 的部门，包括政府机构和各类企事业单位，以及社会公众等。

通过 GIS + BIM + IoT 组合技术，GIS 在城市的智慧化运营管理中发挥出很大的作用，同样的道理，这样的技术可以推广至核电行业，发挥出 GIS 在智慧核电的重要作用。相信随着物联网（IoT）、人工智能（AI）、5G 移动通信等技术的发展，GIS 技术也在不断融合中持续进化，逐步进入智能物联网时代。

第二节　常见 GIS 软件平台介绍

GIS 技术的应用离不开软件平台，从上一节的内容可以知道 GIS 相关的软件平台有很多，这里选择几款常见平台介绍。GIS 软件及其应用平台的软件开发主要以计算机相关专业为主，我们主要对应用模型需要实现的功能提出需求。应用专业的重点任务是，根据数字化工作需要，熟练在项目中使用开发完成的软件平台，所以要对目前市场上几款主流的 GIS 软件有基本的认识，并重点熟练使用其中一款软件，这样可以加深对 GIS 技术的理解，并可以根据项目实际应用的需求选择合适的 GIS 软件。下来重点介绍几款国内外 GIS 软件，供参照学习。

一、 MapGIS

武汉中地数码科技有限公司（中地数码）1991 年推出"中国第一套可实际应用的彩色地图编辑出版系统"的 MapCAD 软件，1995 年推出"中国具有完全自主知识产权的地理信息系统"MapGIS，从此经历数个版本更迭，2004 年推出第四代面向服务分布式超大型 MapGIS 7，2009 年推出 MapGIS K9，2014 年 5 月推出首款云特性 MapGIS10，2020 年推出 MapGIS 10.5（九州）最新版本。

目前中地数码的 GIS 相关产品主要有桌面 GIS、服务器 GIS、云 GIS、数字孪生平台和移动 GIS 等板块，本次主要介绍桌面 GIS 中的 MapGIS Deskop 软件，也称为桌面地理信息系统，桌面是计算机领域术语，主要指安装在客户端电脑上的软件，不是安装在远程的工作站或者服务器上。MapGIS Deskop 是专业的二、三维一体化桌面 GIS 产品，具备强大的数据录入、编辑以及各种管理功能，还可以制图和地图可视化，进行地理空间分析与影像处理、三维可视化与分析等，这些功能是主流 GIS 软件都具备的基本功能。

MapGIS Deskop 软件整体构建思路采用"框架 + 插件"方式，常见插件有：

（1）工作空间插件：提供最基础的工作空间地图目录管理、数据视图以及基础操作功能，具有界面整洁，操作便捷等特点。

（2）数据管理插件：实现空间数据的存储与管理，如创建编辑备份等操作，支持多源二、三维数据集成，包括矢量数据、高程数据、遥感数据、三维模型等数据，以及倾斜摄影、点云、BIM、地质体以及各种属性信息。

（3）矢量编辑插件：具有地图矢量化、矢量数据编辑校正、投影转换等功能。

（4）栅格编辑插件：实现对栅格数据的各种录入、编辑、校正等功能。

（5）制图版面编辑插件：提供各种指北针、图例、比例尺以及地图打印功能。

（6）三维编辑插件：实现三维模型分析，如基于 DEM 开展的洪水淹没、坡度坡向、挖填方以及各种剖切图等功能。

（7）地图瓦片插件：实现瓦片地图相关功能，如瓦片裁剪、更新、合并、浏览等，具有便捷、快速、精准等特点。

（8）数据转换插件：主要用于矢量数据和栅格数据互转等操作。

（9）属性统计插件：包括统计分析、时间序列分析等功能。

（10）地图综合插件：含多边形合并、线要素化简等地图综合处理功能。

（11）DEM 分析插件：含地形分析功能，如可视性分析、水文分析、TIN转换等，还可制作各种专题图，如密度图、日照图等。

（12）影像分析插件：主要用于卫星遥感等影像数据的分析、处理、分类。

（13）网络分析插件：对网络类数据进行连通性、追踪、路径等分析，还有各类应用类分析如查找最近设施、查找服务范围等。

MapGIS Deskop 软件工作空间界面、插件界面分别如图5-9、图5-10所示。

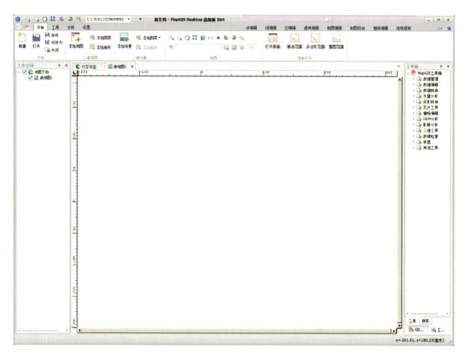

图5-9 MapGIS Deskop 软件工作空间界面

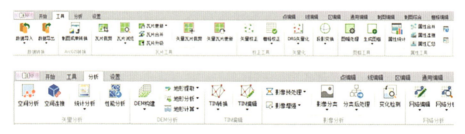

图5-10 MapGIS Deskop 软件插件界面

同时，根据不同插件的组合形成了制图版、基础版、标准版、高级版四个基础平台产品。

针对各行各业特殊的业务需求，可以基础平台产品为底座，进行二次开发，按需定制行业应用平台，如地下管网信息化平台等已广泛应用于民用、核电等行业。

二、 Super Map GIS

北京超图软件股份有限公司（超图）1997 年成立后，2001 年发布大型跨平台 GIS 产品，2005 年底发布大型全组件式 GIS 平台 Super Map，2010 年推出"二三维一体化"桌面端产品 Super Map GIS 6R，2013 年发布云端一体化产品 Super Map GIS 7C，2015 年发布 Super Map GIS 8C 桌面软件，2019 年 10 月发布大数据技术产品 Super Map GIS 9D，2020 年 9 月发布融入人工智能技术产品 Super Map GIS 10i，2022 年 7 月发布产品 Super Map GIS 11i，同时推出开源空间数据库禹贡（Yukon），2023 年持续小版本更新。

Super Map GIS 的桌面端 GIS 系列包括了 SuperMap iDesktop（二三维一体化桌面 GIS 软件平台）、SuperMap iDesktopX（支持跨多种平台的操作系统）、SuperMap iExplorer3D（三维场景浏览软件，支持地理场景高保真渲染等）、SuperMap iMaritimeEditor（跨平台电子海图生产桌面）、SuperMap ImageX Pro（跨平台遥感影像处理桌面）。

SuperMap iDesktop 是插件式桌面 GIS 软件，提供基础版、标准版、专业版和高级版四个版本，具备二三维一体化的数据处理、制图、分析等功能，在 SuperMap iDesktop 功能的基础上，SuperMap iDesktopX 可以进一步实现跨平台二三维一体化操作，支持 Linux、Windows 等主流操作系统，同时提供了灵活的开发框架和辅助控件，支持 Java、Python 两种语言进行二次开发，定制符合用户需求的应用系统。SuperMap iDesktopX 突破了专业桌面 GIS 软件只能运行于 Windows 环境的困境，可在 Linux 环境中完美运行，目前最新版本是 SuperMap iDesktopX 11i（2023）。

Super Map GIS 主要功能有：

（1）地图制作：可创建各种类型的地图，包括点、线、面矢量地图、栅格地图等，并可以自定义地图中各种样式和符号。

（2）地理数据管理：支持多种数据格式，包括矢量数据和栅格数据，可实现地理数据的导入导出（支持 70 多种格式的数据导入，30 多种格式数据的导出）、编辑、查询和管理等操作。

（3）地图瓦片：提供地图瓦片从生产到发布全流程的技术方案，提供瓦片合并、提取、更新、检查、格式转换等瓦片管理功能。

（4）地理空间分析：提供多种空间分析工具，如表面分析（坡度、坡向、填挖方等）、缓冲区分析、叠加分析、邻近分析、网络分析（交通网络分析、设施网络分析等）等，进行空间数据的分析和模拟。

（5）数据可视化展示：提供丰富的可视化功能，可通过符号化、标注、图表（柱状图、散点图、面积图等十余种图表形式）等方式将地理数据直观地展示出来。

（6）地理空间处理：提供地理处理工具，如坐标投影转换（支持 10 种坐标系转换模型，支持反算坐标系转换参数，提供二维四参、三维七参等 11 种投影转换方法）、空间数据转换等，对地理数据进行处理和转换。

（7）机器学习：支持基于深度学习的影像分析，包括样本制作、模型训练、模型评估等，支持通用变化检测、目标检测、地物分类等影像分析功能。

（8）视频地图：支持基于地理位置，在地图上接入视频数据，可对接各种视频流数据，支持目标追踪和检测等分析。

（9）三维模型数据管理：通过数据批量处理 GPA 工具，支持 IFC/GIM/RVM/RVT/DWG/DGN/3DXML/NWD/SKP 等格式的 BIM 数据自动化处理，并支持追加到已有的三维场景中。

（10）定制开发：提供扩展开发模板，支持交互式构建二次开发工程，实现快速定制 UI，扩展工具箱等功能。

三、ArcGIS

ArcGIS 是美国环境系统研究所（ESRI）推出的软件，1981 年 ESRI 推出第一款商业化的全功能 GIS 软件 ArcInfo，1986 年 ArcInfo 可以在电脑上使用，1991 年 ArcInfo 汉化版进入中国市场，1997 年 ArcInfo 8.0 发布，2010 年 ArcInfo 10.0 正式发布，同时停止后续更新，ArcInfo 是一个全功能的产品，包括了 ArcView 和 Arc Editor 所有功能，成为了 GIS 的一个标志性产品。

作为 ArcGIS 的入门软件，ArcView 于 1991 年推出入门级桌面软件 ArcView1.0，中间经历版本更替，直到 2001 年正式推出 ArcView 8.1，ArcView 是一款地理数据显示、制图、管理、分析的桌面产品；接着 ESRI 于 2000 年整合旗下产品，正式推出 ArcGIS 8.0，中间版本更迭，直到 2021 年推出 ArcGIS10 系列最终版本，后续不再更新。与 ArcGIS 系列同时发展的是 ArcGIS Pro 系列产品，2015 年 ArcGIS Pro 1.0 发布，2017 年发布 2.0 版本，2022 年发布最新的 3.0 版本，后续持续更新。

ArcGIS 桌面端主要由 ArcView、ArcGIS Desktop（含 ArcMap、ArcCatalog、Arc Toobox 等）和 ArcGIS Pro 组成，随着 ArcGIS Pro 的升级，逐渐成为 ESRI 主推的全新桌面端产品。ArcGIS Pro 与其余 ArcGIS 平台紧密集成，可以有效地共享和使用数据，更重要的是 ArcGIS Pro 将 2D 和 3D 组合到一个应用程序中，比其他版本三维数据处理和表现方面更加强大。ArcGIS Pro 界面风格类似于 Word 的功能区划分，操作简单易上手，它具有多线程，使得地理处理线程可以独立于其他线程运行，运行速度快、处理能力强、渲染速度快、内存消耗低。它可以查询、统计、可视化和分析数据，创建 2D 地图和 3D 场景，支持 BIM 和倾斜摄影成果导入。

ArcGIS Pro 的主要功能可以集成多源异构数据及模型，并可视化展示数据，编辑和分析数据，并可以将数据共享至在线地图，充分挖掘空间数据的应用价值，大多数 GIS 软件的主要功能都是相似的，本文不再简单罗列。

四、QGIS

QGIS（Quantum GIS）是一个用户界面友好的开源桌面端软件，不归某个公司商业运营，而是由总部位于瑞士的非营利性组织 QGIS 协会（QGIS. ORG）协调软件的开发和相关服务，QGIS 协会通过官网与全球数十个国家很多用户群体共同建立了 QGIS 社区，通过社区全世界的热心使用者或开发社群共同开发或资助，使 QGIS 成为了全球 GIS 领域重要的组成部分。QGIS

是目前最受欢迎和最强大的开源 GIS 软件，是开源 GIS 的集大成者，整合了
GRASS、SAGA GIS 等多个开源桌面软件工具，也是 GISer 们学习和交流 GIS
技术的主要平台之一。

1. 特点

QGIS 不但免费，持续更新，而且拥有强大的功能、运行速度、开放性，
可跨平台运行（可在 Windows、macOS、Linux、Android 和 iOS 平台上运行），
同时，通过插件的加持，可以实现不比商业软件差的使用功能。

2. 发展历史

QGIS 由加里·谢尔曼（QGIS 之父）于 2002 年写下了第一行源代码，标
志着 GIS 原始版本的诞生，同年 6 月发布首个版本，2009 年 1 月，QGIS 1.0
版正式发布，标志着 QGIS 的发展从此进入了快车道，2013 年 6 月 QGIS 2.0
版正式发布，2018 年 2 月 QGIS 3.0 版正式发布，2024 年 03 月 22 日发布了最
新版本 QGIS 3.36.1，后续将在全世界各开发社群的努力下不断升级，更加
强大。

3. 功能介绍

QGIS 支持数据的可视化、管理、编辑、分析以及地图的制作，并支持多
种矢量、栅格数据库格式，除一般 GIS 类软件的常见功能外，还有以下功能：

数据添加：加载各种矢量数据、栅格数据、文本数据以及各类标准的数
据（如 WMTS，即 Web 地图瓦片服务数据，Vector tiles 矢量瓦片数据等）。

在线数据下载：通过软件下载各类在线地图等数据。

数据可视化：通过热力图、散点图等形式对数据可视化展示。

QGIS 比较有特色的就是扩展各种类型的插件，通过插件可以对软件的功
能进行丰富，如制作三维地球效果、制作变形地图等。

4. 界面介绍

菜单栏：展示程序自带的菜单，以及安装插件后的菜单，可以让用户以
简单的方式找到相关操作命令，一般位于界面最上方，通过点击下拉可以
查看。

工具栏：展示程序自带或者插件自带的功能按钮，使用更加直观快捷，

一般位于菜单栏下方，以按钮形式直观展示。

浏览器：位于图 5 - 11 展示界面的左下方，浏览器是重要的数据添加入口，可快速加载本地电脑的数据，提供各种数据服务。

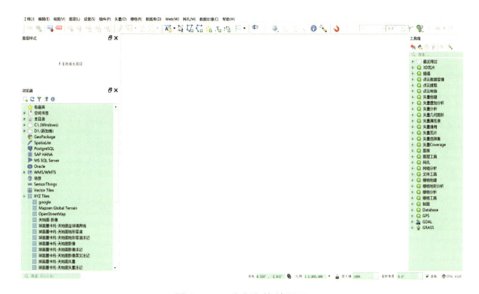

图 5 - 11　QGIS 软件界面

地图窗口：位于软件正中央，是主要的数据展示窗口。

图层样式：位于图 5 - 11 展示界面的左上方，是图层符号化设置的面板，根据所选数据类别的不同显示对应的符号化设置面板。

工具箱：位于图 5 - 11 展示界面的右侧，是程序自带的工具集以及安装插件后新增的工具，对各类数据的操作都可以在工具集中找到对应命令。

状态栏：位于界面最下方，显示当前工程的坐标系编码（如 EPSG：4326 等）、当前的鼠标点位对应的 XY 坐标，以及任务进度、搜索框等。

这里简单展开下坐标系编码，每个空间坐标系都有一个编码，称作 EPSG 编码。GPS 全球定位系统使用的坐标系统就是 WGS84（World Geodetic System 1984），WGS84 的 EPSG 编码是 4326；在 GIS 软件平台中经常会见到坐标系选择，如 CGCS2000/3 - degree Gauss - Kruger CM 90E 表示国家 2000 投影坐标系，3 度带投影，采用高斯克吕格投影法，中央子午线为东经 90°，它的 EPSG 编码是 4539，CGCS2000/3 - degree Gauss - Kruger Zone 25 表示国家 2000

投影坐标系，3°带投影，采用高斯克吕格投影法，25 区（对应中央经线75°），它的 EPSG 编码是 4513，这些都可以查询专业资料获取。

如图 5-11 所示，由于 QGIS 软件界面简洁，学习上手快，对电脑运行环境要求很低，虽然是国外软件，但是软件自带中文界面，可以随意切换，关键又是免费软件，所以 QGIS 是目前周边 GISer 的主要学习研究的软件平台。大家如果感兴趣，可以到官网下载免费使用最新版本，目前国内供学习或者研究 QGIS 的资料还是比较少，软件自带的帮助文件是全英文的，所以向大家推荐张云金老师的《QGIS 学习手册》，该手册主要特点是深入浅出，没有介绍高大上的各类专业名词，围绕什么是 QGIS，怎么添加数据操作，怎么下载数据，如何让数据可视化等，同时还介绍了很多插件，其中有把照片插入地图对应地理位置的插件，有挖填方计算分析插件等等，最后还介绍了很多实际应用的案例。

第三节　GIS 在厂区总平面设计中的应用

GIS 是应用型技术，从它诞生之日起就是为解决实际问题而存在的。以上几节主要介绍了 GIS 技术的基础知识和相关软件，本节开始介绍 GIS 技术如何在核电行业以及核电厂总平面布置相关工作中的应用，应用的主要过程包括提出应用需求、构建应用模型、委托对 GIS 软件基础平台进行二次开发、在实际工程中应用并形成工程数据库，通过数据的分析解决工程实际问题，进而提升核电站数字化水平等。

下面主要介绍 GIS 二次开发应用平台：厂区室外综合管网信息化平台。

一、应用需求分析

核电站厂区室外地下管线设施是保障核电站安全运行的重要设施，但是鉴于室外管线的特殊性、复杂性和隐蔽性，在其设计施工和运行维护过程中，采用人工管理方式很难全面掌握地下管线布置信息，容易造成各种文档资料不全，信息滞后，更新不及时等情况，降低管线信息数据使用的时效性，增加施工组织及施工实施难度，容易造成施工的重复开挖、错挖、误挖、挖断等情况。

实际案例1：某核电站在核岛厂房周边使用挖掘机进行浅层管线通信排管开挖作业，因挖掘点附近可能存在电力电缆管线，具体位置不明，随即采用数字式多频接收机探测了可能埋设电缆的位置，预估了电缆走向，但是还是挖断了10kV电缆，导致电缆破损打火，所幸未造成人员受伤和设备损失。

实际案例2：施工单位在核电机组附近开展挖机作业，导致10kV临时施工电缆损伤，进而导致相关淡水厂及周边水库短时失电，以及现场施工区失去施工用电。

除了上述施工现场发生的实际案例，在实际核电站运行维护中，业主在梳理长期积累的各种管网设施设计和竣工图纸资料时，发现文件数量太多，各个专业分门别类资料存放太分散，导致查找需要的运行数据太麻烦，甚至可能查不到等困难，所以需要对这些图纸和文件进行统一的数据管理，方便随时查询需要的数据，统计现状数据，分析存在的问题等。

为了解决这些问题，我们需要建立一个数字化平台，它是一个数据中枢，可以将厂区所有建构筑物和厂区室外管网设施的工程设计、竣工资料进行"一个平台、一套数据库"统一管理，还可以清楚表达室外设施的地理位置和属性信息，如管道材质、管径等工程设计信息，如施工单位、监理单位、竣工时间等施工建造信息，如运维修缮时间、修缮内容、修缮位置等运维信息等等。

二、 应用模型构建

我们在开始摸索阶段曾经尝试使用BIM类软件解决上述问题，但是发现BIM技术的原生功能架构是针对小范围单个建构筑物，当在厂区及其周边大范围使用时，受限于现有的电脑硬件等计算机技术，BIM技术缺乏"海量异构"数据管理的能力，因为厂区总平面设计不仅涉及建筑、结构、给排水、暖通、电气、通信等专业数据，还涉及岩土地质、地形地貌、水文环境等具体地理特点的专业数据，各专业数据格式各异，有栅格图片、有几何矢量图形，有各类表格信息等，BIM 技术无法实现整个厂址范围内大量栅格数据和各种三维模型的数据存储与操作，同时缺乏精确的地理位置定位能力，尤其各专业数据的坐标系转换功能等，最后我们还要针对各种类型数据进行基于地理空间位置的分析。经过各种尝试，最终我们选定 GIS 技术作为主要技术路线开展相关工作。

清楚了开发目标，确定了技术路线，下来就要开始构建怎么实现，即通过什么样的软件开发架构和功能列表，可以实现上述目标。考虑到很多因素，我们最终选用了基于国产 MapGIS 系统搭建厂区室外综合管网信息化平台。

MapGIS 10.2 依托全新的 T－C－V 软件结构，具备"纵生、飘移、聚合、重构"四大云特性，MapGIS 10.2 提供了更快捷、更精细、更易用的地图制图服务，同时，还提供了全空间真三维的数据表达，在三维数据集成方面，真正实现多维空间数据的融合，实现对海量多源异构数据的统一、可扩展、层次化的管理。在三维显示方面，提供全空间一体化的表达方法，实现了三维全空间信息显示表达。

基于上述 MapGIS 10.2 的优点，我们采用 MapGIS 10.2 作为基础平台进行二次开发，系统的整体架构分为三层，最底层采用 SQL Server 数据库，并分别建立了三个数据库，分别是三维模型数据库（含设计阶段的各种人工建模的三维模型、厂区建成后扫描的实景三维模型等）、室外管线数据库（含设计阶段的设计成果和施工完成后的探测成果，主要为关系数据库类型的表格数据）、总平面布置数据库（含厂区建构筑物、道路、原始地形地貌等总平面布置图表达的内容）；在中间层，我们部署了 Web 服务器、应用服务器和数据接口；在用户接口层，我们分为 MapGIS C/S 客户端和 B/S 客户端，其中 MapGIS C/S 客户端是属于基础平台的一部分，主要用于厂区室外管网数据的操作，MapGIS B/S 客户端则基于 HTML5＋WebGL 技术作为开发框架，开发各种使用功能。具体的架构图如图 5－12 所示。

其中各类分析功能的开发中，由于我们的定位是为核电厂全生命周期服

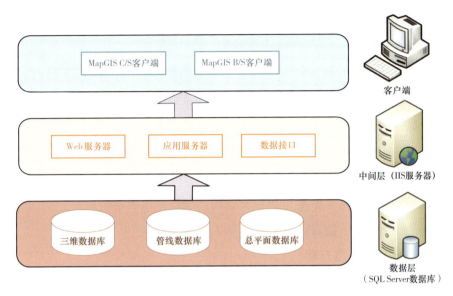

图 5 -12　MapGIS 系统整体架构图

务的数字化平台,所以广泛征询了核电站业主的意见,参考了已有类似的数字化产品,如城市管网信息化平台,最终确定了以下功能列表,如图 5 - 13 所示。

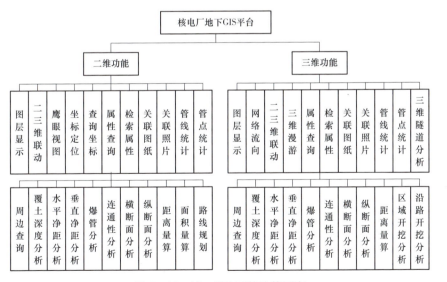

图 5 -13　MapGIS 系统功能列表

三、厂区室外综合管网信息化平台介绍

厂区室外综合管网信息化平台主要分为两部分，MapGIS C/S 和 MapGIS B/S，C/S 端主要用于三维模型、管网数据以及各类底图（厂区总平面布置图或者卫星影像地图等）的录入、编辑、误差检查等，主要供数据生产和维护人员使用，同时可以将建成的数据库和三维模型发布到 B/S 端，B/S 端主要供使用 GIS 平台的各部门人员通过电脑自带的网页，打开 C/S 端已发布的成果数据，并可以对这些数据进行各类查询、统计，以及定制的各种空间分析等，但是使用人员不能编辑这些数据和模型。

1. MapGIS C/S 客户端

开发完成后的厂区室外综合管网信息化应用平台 C/S 客户端界面见图 5-14 所示的应用平台 C/S 端开始界面。具体功能包括了数据查询统计（各

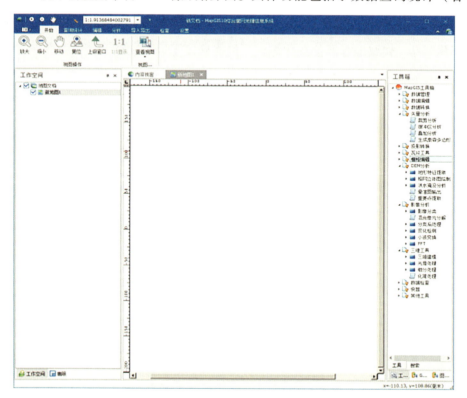

图 5-14　应用平台 C/S 端开始界面

类查询和管段、设备等设施统计）、编辑（管网数据录入、管线和管点的各种操作）、分析（关阀、连通、追踪、缓冲、横断面等分析）、导入导出（导入外业表格、CAD 图导入和导出、shp 数据导入、数据迁移等）、检查（覆土埋深检测、点线错误检查，如重叠线、碰撞等）、设置（各类系统库和样式库、元数据和附属数据的设置）等。

2. MapGIS B/S 客户端

开发完成后的厂区室外综合管网信息化应用平台 B/S 客户端界面见图 5 – 15 所示的应用平台 B/S 端界面。

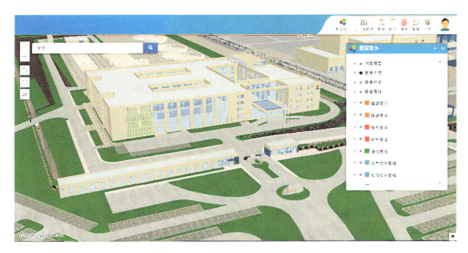

图 5 – 15　应用平台 B/S 端界面

B/S 端具体功能如下：

（1）图层显示功能。实现多个图层叠加，构成一幅地图功能。二维图层构成二维地图，三维图层构成三维地图。二维和三维地图中的管线数据可分为设计图层、施工图层两个大图层，设计图层、施工图层再分别按管线专业细分图层。可选择单个或多个图层进行显示，未选择的图层会被隐藏。

（2）网络流向功能。对于能够明确管道流向的管线如依靠重力或者有压管线，主视图可以通过箭头方向来动态显示管道内介质流向。系统提供开启或关闭显示管道流向的按钮，用户通过点击该按钮开启或者关闭显示管道内介质流向。

（3）二三维联动功能。二维地图指平面地图，其优点是节约网络资源，运行较快，但使用不够直观；三维地图的优点是直观，易于辨认，缺点是占用较多的网络和服务器资源，运行速度较慢。系统提供的二三维联动显示功能可以很好地结合两者的优点，方便用户进行使用。

界面中有一个联动视图的按钮，点击后可以开启联动视图，当用户通过鼠标在二维视图中进行平移时，三维视图会对应移动；当用户操作三维图层时，二维图层会显示对应的内容。

（4）鹰眼视图功能。在鹰眼视图中可以像空中俯视一样看出当前区域在全厂总图中的位置，主要用于表示数据视图中的地理范围在全图中的位置，在二维视图中进行平移缩放等操作时，鹰眼视图能够显示对应的内容。

鹰眼视图与数据视图的地理范围保持一致，数据视图的当前范围应能够在鹰眼视图中用一个矩形框显示出来。

（5）三维漫游功能。可选择漫游对象（人、车），在三维地图中单击一点作为对象进入位置，利用键盘控制对象行进方向和速度，实现在厂区模型内漫游的目的。

点击漫游，在弹出栏中选择进入的运动对象（人或车），并设置视角（第一人称或第三人称视角），在三维地图中单击一点作为对象进入位置，用键盘的 A、D 键控制对象的左转、右转；W、S 键控制对象的前进、后退。行走时同时按下 Shift 键，则可以实现奔跑，空格可以实现对象的跳跃。

（6）坐标定位功能。用户先在系统中打开二维地图，选择坐标定位功能，输入定位点的横坐标和纵坐标，并点击确定，视图的中心将定位至该点，并可在地图中高亮显示该坐标点，会在地图中增加一个标记。

另外，随着鼠标在视图中位置的变化，在二维和三维地图中都应能显示鼠标的坐标值和高程。

（7）属性查询功能。在总平面布置图中通过鼠标选取某条管道，选取后的管道能够高亮显示，并可查询其管道编码、定位坐标、地面标高、管点高程、所属系统等信息，如图 5 - 16、图 5 - 17 所示。

（8）检索并显示管道功能。用户选择管道查询功能，再选择要查询的管

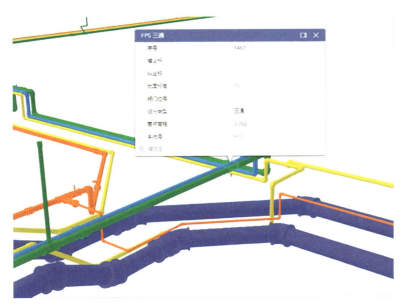

图 5 –16　查询管道属性信息功能

图 5 –17　展开后的管道属性信息框

道类型（如雨水管、生活污水管等），设置要查询的范围（提供多边形框选、默认是全厂总平面布置图），再设置要检索的属性字段，输入属性值（如管线编码、管线长度、管线直径等），点击查询按钮后，可显示符合条件的管道列表，同时在地图中显示。

（9）图纸关联功能。在视图中选择关联图纸功能，并选取某条管道或管点，可获取相关图纸编码清单，点击图纸编码可以直接打开后台的文档管理系统中关联的正式出版的签字版图纸。

（10）管线统计功能。用户选择管线统计功能，再选择要统计的管道类型（如雨水管、生活污水管等），可多选，设置要统计的范围（提供默认全厂总平面布置图，多边形框选），再设置要统计的属性字段，输入属性值（如管线编码、管线长度、管线直径、系统编码等），点击确定按钮后，可统计符合条件的管线总长。

（11）管点统计功能。用户选择管点统计功能，再选择要统计的设施类型（如通信点、雨水篦子），可多选，设置要统计的范围，再设置要统计的属性字段，输入属性值（材质及敷设方式、区域、系统编码等），点击确定按钮后，可统计出管点总数。

（12）周边查询功能。用户选择周边查询功能，再选择要查询的周边设施类型（如管线、雨水篦子），设置要查询的范围（单击选点，并通过拖拽确定半径），点击确定按钮后，显示其位置分布和列表，点击列表中的管点则视图中相应的管线会高亮显示。

（13）覆土深度分析功能。在一定数据区域内，可以调出区域内所有管线列表，列表中显示管线编号及区域范围内的覆土深度，点击列表中的管线则视图中相应的管线会高亮显示。

（14）三维开挖分析功能。设置开挖深度、放坡系数、缓冲半径等参数后，并在三维视图中选择圆形或多边形区域，即可在三维视图中显示该区域开挖后地下管线的真实分布情况。在确定区域时，用户可以通过鼠标选点的方式来确定圆心或多边形顶点。当选择圆形区域时，用户可选择输入或鼠标拖拽的方式来确定半径。

（15）沿线开挖分析功能。使用参数［深度、宽度、缓冲半径（默认为0）、放坡系数（默认为0）］选择沿路开挖，在三维视图中选点或输入坐标的方式形成多段线，可在三维视图中模拟开挖，显示开挖后地下管线的真实分布情况。

（16）三维隧道分析功能。设置隧道的截面形式、尺寸、深度，在三维视图中选点方式形成多段线，沿多段线自动生成地下隧道，并可查看隧道内的管线。

（17）碰撞检查功能。设置一定的数据范围，当前视图或者框选一个区域，可以实现碰撞检查，对区域内发生碰撞的管道通过列表显示，点击列表中的某一段管线，可以在三维系统中高亮显示这部分内容。

（18）爆管分析功能。选择爆管发生的管道，爆管故障发生后，系统可以将故障点上下相关阀门列出，提供关阀策略，并显示受影响的管段。

（19）连通性分析。在视图中选择两个管线上的点，系统自动给出是否连通的提示，如果连通显示相关的路径，并在地图中进行高亮显示。

（20）横断面分析。在视图中选择横断面的起终点，可生成此横断面的管道分布图，横断面可显示断面上多个管道的分布及埋深信息。

（21）纵断面分析。在视图中在一根管线上选择纵断面的起终点，可生成此纵断面的管道分布图，纵断面可显示此断面上多个管道的分布及埋深信息。

（22）距离量算功能。在视图中选择起终点，可直接测量两点间的距离。如果用户选择多段线，则显示各线段长度之和。

（23）面积量算。在视图中的区域可选圆形或多边形，可进行面积计算。

（24）路线规划。在地图中选中管廊中需要维修的设施以及起点，系统规划出合理的路线，如果需要进入管廊，系统要说明从哪个检修口进入管廊，并区分地上路线和地下路线的路径颜色，能够起到指引作用，并以管廊内最短路径为最优路径。

四、 管网应用平台特点

厂区室外综合管网信息化平台是基于 GIS 平台在厂区室外管网工作中的应用，相比其他数字化或三维仿真平台具有以下特点：

（1）二三维联动功能。GIS 类平台起于二维平面地图，所以管网应用平台也保留了二维界面，其优点是节约网络资源，运行较快，缺点是使用不够直观；随着三维 GIS 技术的加入，管网应用平台增加了三维可视化的功能，其优点是直观，易于辨认，缺点是占用较多的网络和服务器资源，运行速度较慢。本次开发的管网应用平台采用系统创新性的设计，开发了二三维联动显示功能，这个功能可以很好地结合两者的优点，满足不同的使用习惯。当点击联动视图的按钮后，应用平台可以开启联动视图，而且鼠标在二维视图中进行平移时，三维视图会对应移动，反之亦然。

（2）显示爆管分析功能。平台可以模拟部分室外管线爆管事故，假设管线某一点发生爆管故障，系统能自动将故障点上下相关阀门列出，提供关阀策略，并显示受影响的管段。这个功能是基于厂区运维中经常碰到的问题而开发，对厂区管道的运维管理具有较大的支持作用，如图 5 - 18 所示。

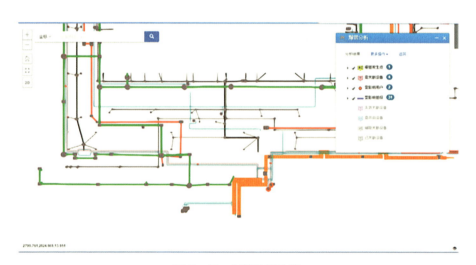

图 5 - 18　爆管分析功能

（3）开挖分析功能。本功能主要针对厂区施工开挖过程中经常错挖、误挖、挖断等情况而开发，当需要在厂区某区域开展施工开挖作业时，可以先在平台中进行模拟分析，评估开挖存在的风险，然后再到现场实际作业。

如图 5 - 19 所示，分析时首先设置开挖深度、放坡系数（默认为 0）、缓冲半径（默认为 0）等参数后，并在三维视图中选择圆形或多边形区域，即可在三维视图中显示该区域开挖后地下管线的真实分布情况，同时可显示土方量。在确定需要开挖的区域时，用户可选择输入坐标的方式，也可以通过鼠标选点的方式来确定圆心或多边形顶点。当选择圆形区域时，用户可选择输入或鼠标拖拽的方式来确定半径。

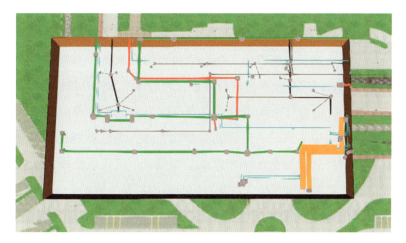

图5-19　开挖分析功能

（4）路径规划功能。综合管廊是核电厂的重要设施，管廊内容纳了大量的管线及其设施，并设置了正常出入口以及应急出入口供检修人员进出。但是管廊内部管道布置错综复杂，内部交叉口四通八达，当检修人员需要进入管廊内部找到某个设备检查时，往往很难迅速定位到目标设备，影响工作效率。

应用平台可以在数据库中选中管廊内部需要维修的设施，系统会规划出合理的导航路径，指导检修人员到达指定位置，当需要进入管廊，系统可以指出从哪个出入口进入管廊，并区分地上路线和地下路线的路径颜色。

（5）与业主内部文档系统的链接。对于每一个管线和管件都有一个文档编号字段，可以在里面保存相应的文档编号，当需要查询管线正式出版的文件时，可以通过调用文档系统接口，可获取相关的图纸编码清单，可实现查阅文档管理系统中的图纸资料。这样可以打通设计/竣工签字版图纸与数字化管理平台的通道，兼顾了数字化平台与传统图纸文档系统的优点，方便业主的管理工作。

五、 管网应用平台相关规范

最近几年，GIS 技术在室外综合管网信息化方面的应用已经在各行各业广泛开展，尤其城市管理中应用比较成熟，并且制定了相关的规范《城市综合地下管线信息系统技术规范（CJJ/T 269—2017）》，本规范总共分为 9 个章节，含总则、术语、基本规定、管线分类与编码、数据库建立、数据汇交与更新、信息系统构建、系统验收、数据交换与信息服务，下面对照规范的内容，对核电厂的管网信息化平台进行评估，为后续工作提升提供参考。

规范的基本规定章节强调了室外综合管网信息化系统建立的目标是为了对室外管线进行集中、统一、规范的信息化管理，满足规划设计、施工建造和运维管理对室外管线信息的应用需求，为设计、施工、运维、应急等工作提供管线信息和辅助决策支持，这些目标与核电厂是一致的。

管线分类与编码章节主要对给水、排水、燃气、热力、电力、通信、工业等管线的分类和编码进行了规范，核电站涉及的管线远超上述管线种类，而且有很多特殊的管沟、廊道等设施，分类更复杂，但是编码体系尚未形成。

数据库建立章节主要讲述了数据结构设计、数据的处理和检查，以及数据入库要求。关于这部分内容，核电行业在数据组织方面也是按照分层方式管理，与城市管理一致，但是命名较为混乱，需要加强；数据库结构设计与城市类似，对象关系模型组织数据，即一根管线一个管点对应一个数据属性组，但是核电行业在管线点表和线表结构上与城市略有不同，这一点主要根据工作需要进行了调整。

数据的汇交与更新方面，规范主要对探测单位提交的成果做出了相关规定，这部分与核电站管网平台基本一致。

信息系统的构建章节主要对二次开发的应用平台提出要求，如平台要达到哪些功能，应用模型构建要达到什么要求，甚至对系统运行环境也提出了要求。城市的管网信息平台与核电站平台的功能基本一致，但是核电站的管网信息平台在功能上增加很多。

由于核电行业的管网信息化平台刚开始发展，在系统验收和数据交换与信息服务方面都需要再加强，尤其数据交付业主时的内容要全，面向具体使用者提供的服务也要规范化，不是等使用方提出需求再改进，尤其其中涉及的信息安全更是重中之重，对数据库访问者权限的设置，数据传输的保密等方面都需要加强。

核电站厂区室外综合管网信息化平台与城市综合地下管线信息系统总体目标一致，但是其中涉及的管理对象又有很大不同，所以在数据管理与应用上会有较大差别，核电行业要根据自身特点，在借鉴城市应用平台经验的基础上，尽快制定符合核电行业特点的相关规范要求，以完善核电行业 GIS 管网信息化工作。

六、 其他应用分析

GIS 技术在核电厂应用的方向不仅有厂区室外管网，还有厂区总平面布置信息化分析。不同于管线设施的线状矢量数据模型，我们可以将厂区总用地范围、所有建构筑物占地范围、不同类型面层的道路范围、其他室外工程的占地范围抽象成一个矢量面数据对象，将围墙等带状设施抽象成一个线状矢量数据，并为这些矢量数据对象赋予属性信息，如名称等，详细见表 5 - 3，这样可以建立厂区建构筑物等设施的数据库。

表 5 -3　　　　　　　　　　厂区建构筑物属性结构表

字段名称	数据类型	长度	备注
建构筑物名称	字符型	50	
功能描述	字符型	100	
层数	数值型	5	
高度	数值型	15，3	
火灾危险性	字符型	10	甲、乙、丙、丁、戊类
耐火等级	字符型	10	一、二、三、四类
结构基础	字符型	50	框架结构等
抗震等级	字符型	10	
占地面积	数值型	15，3	
总建筑面积	数值型	15，3	
其他	字符型	50	例如防火墙、特殊通道、布置要求等

同时，结合建构筑物的三维模型可以搭建起厂区总平面布置信息化应用平台。其主要功能如下：

（1）建立厂区建构筑物子项数据库：通过建立建构筑物等设施的数据库，将设计阶段总平面布置相关工程信息通过平台进行统一管理，逐步积累更新，运行阶段提供给业主供辅助决策使用。

（2）总平面设计复核：利用矢量面的外边缘进行缓冲区分析，缓冲区距离设定为每栋建筑需要的消防间距，可实现厂区建构筑物之间消防等空间距离合规性复核。

（3）厂区建构筑物技术经济指标统计：利用 GIS 特有的统计功能，可以统计所有占地面积和建筑面积之和，用于计算建筑密度；统计总建筑面积可以计算容积率，以及统计围墙长度等信息。

（4）基于厂区总平面布置图的分析：可以将厂区道路抽象为线状路径，用来分析厂区消防车行走路径，分析消防车到达责任区边缘的时间；还可以通过测绘单位提供的 1∶500 比例的原始地形图建立精细 DEM，分析厂区低洼地点的水淹范围等。

第四节　GIS 的智能化发展

通过上一节描述的 GIS 信息化应用平台，可以将核电站厂区室外工程设施数字化，实现对厂区某个时段室外管线设施的管理和分析，但是现实中核电站的地下管网运行状态是实时变化的，这种变化可能处于正常运行状态，也可能处于异常状态，如何对这些动态数据进行收集、管理和决策，需要进一步通过物联网等智能化监测技术与 GIS 技术的结合来实现，本节进一步探讨 GIS 技术的智能化应用。

一、概述

核电厂区地下管网作为核电厂生命线的重要组成部分，承担着核电站生产物料的输送、消防安全、生活保障等作用，管网的正常运行是核电站安全运行的基础。核电站主要通过现场巡检等方式对厂区已建管线进行运维管理，但是对于深埋地下的隐蔽管线设施很难及时发现问题，解决问题。

1. 背景介绍

2023 年 11 月，由中国测绘学会地下管线专业委员会委托北京地下管线综合管理研究中心，基于"管线事故"微信公众号平台收集全国地下管线运行事故信息，编写了《2023 年度全国地下管线事故统计分析报告》，报告中收集了 2022 年 10 月到 2023 年 9 月期间全国地下管线的各类事故，报告在事故数据分析中提到 12 类地下管线的各种事故"泄漏、线缆故障、设备设施损坏、堵塞、断裂、爆炸、火灾、井盖类事故、路面塌陷、中毒窒息、坠落和触电。"其中给排水、燃气和热力等管线泄漏事故数量最多，共计 814 起，占地下管线相关事故总数的 57.89%。我们在平时实际工程项目中，现场施工、运维环节反映最多的地下管线问题主要是挖断电缆等事情。

2. 应用需求分析

如何能够尽早发现地下管网运行问题，及时处理问题，我们可以借助物联网在线监测和物联网传输技术，实现对地下管网运行状态的实时监测，全面掌握地下管网负荷运行情况和管网自身健康状态，由被动管理向主动、智能化管理转变，减少和消除安全隐患，有效提升管网安全管理水平，做到管网运行的"全程可见"。借助大数据挖掘技术、实现核电厂地下管网运行历史数据的精准化分析，结合实时数据实现管网运行负荷、溢流、堵塞、内涝等方面的诊断预警分析，提高管网运行在线监测的效率和管线综合管理能力，做到管网运行的"事前预警"。

借助应急处置及移动终端管理技术，实现地下管网日常巡检的精细化管理和突发事故的应急指挥处理，快速精确发现管网运行隐患，并对管网运行中发生的突发事故作紧急处理，提升响应速度和处理能力，做到管网运行的"事中处理"。

借助仿真模拟和报表分析技术，实现地下管网运行状态的仿真模拟以及应急事件的事后评价管理，做到管网运行的"事后总结"。

二、 应用模型构建

明确了应用需求，然后可以开始对 GIS 应用模型进行构建，本次应用主要以 GIS 技术为基础，以数据库技术、数据中心技术、通信技术等为依托，以厂区总平面布置图、厂区地下综合管线数据、传感器监测数据等数据为核心，建设一个基于统一开发框架、统一基础平台、统一基础空间数据库的，实现将监测的数据信号与核电厂地理信息系统的监测模块对接，打通监测数据与 GIS 平台自身监测模块的数据接口，进行数据对接验证；并能实现 GIS 平台对管线及其设施运行状态数据的动态采集、存储、统计查询、数据分析、显示和预警功能。

感知数据层的传感器设备的监测信号数据分为正常信号数据和异常信号数据，正常信号数据传递到 GIS 平台的监测模块，会以数据形式存入数据库，异常信号数据传递到 GIS 平台的监测模块，进入数据库后，系统会高亮显示提醒异常，并弹出对话框，需要运维人员确认处理意见，如图 5 - 20 所示。

三、 在线监测应用平台介绍

本应用平台由 1 个中心站和多个前端站两部分组成。中心站一般设在部署 GIS 平台的服务器，前端站分别设在厂区室外管道沿线或者井阀内部等现场位置。

中心站的巡扫主机以固定周期（如每天、每小时等）向各前端站发出巡扫指令，各前端站收到巡扫指令，确认是呼叫本站后，立即向中心站回传自己采集到的数据，通过对所采集到的数据进行容错分析比较，剔除错误的数据形成标准的数据库文件存档，以备调用。中心站管理系统对各前端站采集到的数据进行汇总，放到数据库中，并对数据进行分析、处理，形成相应的信息，供用户监控、领导决策使用。

前端站由传感器系统（液位传感器、超声波流量计）、前端机、通信系统（包括 GPRS 电台和吸盘天线）、电源系统组成。前端机把传感器送来的标准电信号进行采集，经模数转换和数字滤波，去除无用干扰信号，形成有效的

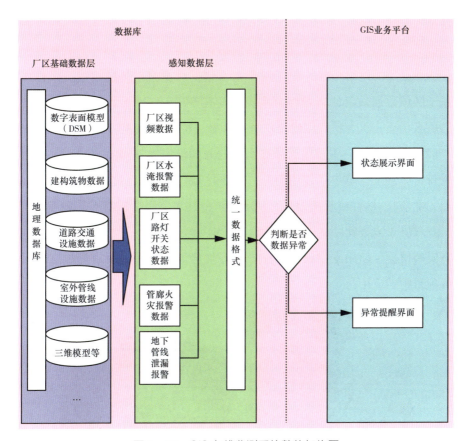

图 5 – 20　GIS 在线监测系统整体架构图

实时数据，等待巡扫主机呼叫后，把有效的采集数据按照一定的数据格式，通过 GPRS 电台，上传至中心的巡扫主机。本平台的前端机设备应具有硬件自动复位功能，保证系统能在强干扰过后有自恢复的能力，适用于野外无人值守的恶劣环境。另外，前端机设备还具有数据显示功能和人机交互界面，便于现场操作和数据校核。

四、 在线监测类型

核电现场地下地上各种管道运行，监测需求很多，前端站选用什么传感器硬件设备，取决于需要监测管道哪些状态，这些监测需求一般需要根据核电厂实际运行过程中遇到的问题选用。这里通过前端站硬件的介绍，引出几种常见的监测类型。

（1）采集终端。采集终端可以使前端站的各类传感器设备实时在线，提供传输数据用的网络信号，便于用户查看数据和观察现场的情况。采集终端是基于区域数据采集的转发综合系统，具有 GPRS/CDMA 数据通信网络的终端的所有功能，可为特殊用户提供稳定可靠、经济实用的专用数据网络。

（2）智慧水尺。主要用于易被水淹的井阀设施内部测量水位，也可用于测量流速。常见智慧水尺使用 NB－IOT 网络通信模组，支持三网通（移动、联通、电信），信号接收能力强，稳定性高；其水位测量误差不受环境因素影响，只取决于电极间距，测量精度高；采用低功耗设计并使用锂亚电池供电，具有安装便捷、使用寿命长、工作稳定等优势。图 5－21 所示为智慧水尺在实际项目中的应用。

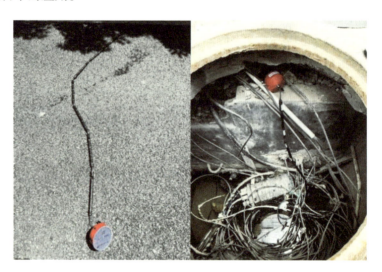

图 5－21　智慧水尺

（3）超声波液位计。主要通过非接触的方式探测水面高度，防止各类井阀等构筑物设施内部被水淹，可及时发现水面液位超过正常值并报警。

　　其特点是算法采用了雷达技术，而非普通超声波液位计的振幅检测技术。可以进行多目标测量，后续可以进行移动物体判断，智能目标判断等。具有抗干扰性强（不会被水面的泡沫干扰测量精度）、超低功耗、防水防尘等级高、宽压供电等特点。使用时只需要确保被测面的回波是所有回波中最强即可，大大增强了产品的抗干扰性，不受外部小反射面的干扰。适合各种杂乱环境，比如带爬梯的井道，各种穿行的金属管等，如图 5-22 所示。

图 5-22　超声波液位计

（4）水表直读仪。水表直读仪又叫电池供电无线定时拍照摄像头抄表终端，是专为各类厂区、工业园区定制开发的数据采集升级设备，主要用于自动获取给水管道的水表度数，方便对厂区或者生活园区用水的管理。水表直读仪采集水表计量的原理是拍摄（采用特制广角镜头，在高度不变的情况下能够获得完整表盘信息）表盘图片，并进行识别从而获得水表表盘数值，因而不需要对原有基表做任何改动，即使已经在使用的表具也可以很方便地改造，实现远传功能，如图 5-23 所示。

图 5-23　水表直读仪

五、 总结

本章主要介绍了 GIS 技术及其软件平台，GIS 技术不仅用于测绘行业地图绘制，地图只是其表现形式，对 GIS 技术深层次的理解应该是空间信息的处理和分析，如地物与地物的关系（相邻、包含、相交等关系），如地物的影响范围（公路沿线两侧一定缓冲区范围内的噪声污染等）等。总平面布置图是以原始地形图（即地图）为底图，按照总图专业制图要求绘制设计图纸，总平面布置图和地图有千丝万缕的联系，如采用同一坐标系，都有比例尺，都是表达建构筑物、道路、管线等室外工程设施的图纸，只是两者制图规则不同，用途不同，但是如果从数据管理和分析角度，则无较大差别，所以总图专业对 GIS 技术的应用，主要侧重对厂区建构筑物等设施的工程数据进行管理和分析。

另外，本章还重点介绍了 GIS 技术的应用，从数字化、信息化讲到智能化应用，大多数应用经验都源自实际开展的数字化项目或者科研课题，接下来的章节将介绍厂区工程数字化项目实际案例以及行业发展的展望。

第六章

厂区工程数字化项目实践

随着新一轮科技革命的兴起与发展，数字化、网络化、智能化已成为经济社会发展的大趋势，数字孪生、元宇宙等新概念层出不穷，这在一定程度上反映了未来数字世界发展的必然趋势，反映了未来产业形成与发展的必然结果。我国在"十四五"规划中就明确提出"加快数字化发展，建设数字中国"。这里的数字中国旨在以遥感卫星图像为主要的技术分析手段，在可持续发展、农业、资源、环境、全球变化、生态系统、水土循环系统等方面管理中国。

在这样的大背景下，核电行业也紧跟时代步伐，开展数字化和信息化建设，以大数据、云计算、物联网等新技术为驱动，培育营造核电企业的数字化文化，推进企业的数字化转型，实现管理数字化和业务数字化等目标。

随着数字化理念在核电行业的深入普及，各核电站对数字化设计、施工和运维也提出了更高的要求，本章主要介绍基于GIS、BIM等技术在各个核电站推进厂区工程数字化项目的情况。本章主要围绕三个实际项目，逐步介绍数字化技术在核电站的推进和发展。

第一节　第一阶段：厂区整体数字化应用实践

根据现有数字化手段的技术特点，GIS 技术更适合大范围室外环境数据和模型的管理，可以实现核电站全厂范围所有建构筑物、室外管线等设施的三维可视化，以及相关工程数据的梳理和信息化，最终实现厂区布置的数字化。以下主要从工程数字化项目的工作流程、成果交付以及项目管理等角度介绍相关经验总结。

一、项目概况

参照已有的数字化实践经验以及多方沟通交流，我们确定 GIS 技术作为本项目的主要技术路线，同时业主通过技术规格书对项目提出了详细的要求。

（1）工作范围。项目位于北方某核电站厂区范围内，全厂总用地 100 多公顷，包括厂区以及周边相邻的施工临建区和其他零星用地。

（2）工作对象。包括厂区所有建构筑物、道路、场地及周边地形等，包括厂区所有室外管线，如给排水、暖通、电气、通信、工艺以及厂区室外各种管廊、管沟等设施。

（3）工作任务。项目主要有两个主要任务，一个是基于 GIS 基础平台，开发出满足核电站使用需要的应用软件平台，另一个是使用平台建立厂区的数据库（分设计阶段和竣工阶段），供核电站施工运维使用。

（4）项目要求。对 GIS 应用平台提出技术要求，能够实现上一章厂区室外综合管网信息化平台的所有功能；关于数据库的数据要有统一编码，要按照不同图层管理设计阶段和竣工阶段的厂区的建构筑物设施和各专业管线设

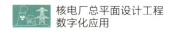
施数据，并对数据更新频次，模型精细度等都提出了要求。

二、 工作流程

主要的项目工作流程如下：

1. 项目平台开发流程

（1）业主需求梳理。沟通并确定业主对应用平台的要求，建立应用需求分析模型，构建应用平台的整体架构。

（2）组织计算机专业团队开始应用平台的程序开发，软件测试。

其中软件测试是难点，需要在不同网络环境下，通过测试数据对软件操作过程进行检查，包括二维数据服务配置及数据发布（检查并保证二维数据正确，数据分析可用），二维矢量瓦片配置及发布（裁剪地图瓦片，确保二维数据可被正确发布在 Web 端），三维数据的配置和发布（设置远程服务器，检查定位和贴图等，将二维管网通过工具转换为三维管网，保证三维管网数据的正确并可以正常发布），多站点部署和发布（整合数据模型、设置网络服务器）等。

（3）应用平台验收。对比国内其他企业或行业的现状，GIS 基础平台软件供应商的选择各有不同，但基本上都选择 GIS 行业的几个大厂产品，其中有的选择国外的 ArcGIS 软件，有的选择国内的超图软件，本项目主要选择国内起步较早的 MapGIS 软件作为基础平台。各家开发出的应用平台界面虽稍有差异，但功能基本一致，说明从市场上对厂区室外管网的运行管理需求基本相似。涉及到的行业主要有民用市场的学校、机场等区域，工业市场中以钢铁厂（如中冶武勘开发的二三维总图管理系统等）、化工厂居多，主要是因为钢铁厂和化工厂的厂区工艺复杂，管线众多，运维管理起来比较困难。图 6-1 所示为某钢铁厂 GIS 应用平台移动端。

2. 项目数据生产流程

（1）开始梳理厂区建构筑物、道路、管线设施等室外工程图纸和资料，组织团队开始在二维 GIS 中进行数据库建库。

其中室外管网设计数据库的原始资料收集，需要各专业提供可编辑版的

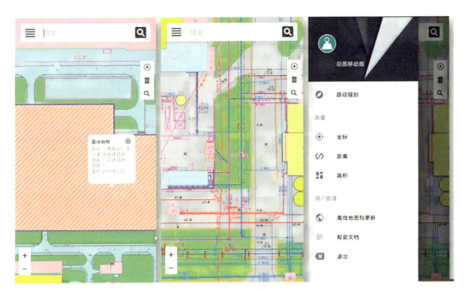

图6-1　某钢铁厂GIS应用平台移动端

设计图纸，由建模人员逐条管段，逐个管点的录入GIS系统，并将关联工程信息手工入库。本部分工作是目前大多数行业GIS数字化工作的难点，花费时间很长，无法应对设计阶段图纸的反复修改，这个步骤需要在后续工作中不断优化完善。

其中室外管网竣工数据库的资料收集，主要依赖测绘人员下现场，对已施工管线进行详细的探测，形成管网数据表格，分为管线表、管点表和CAD成果图等提交建库人员录入。图6-2所示为数据入库流程示意。

（2）根据设计资料进行构筑物、道路等室外工程的三维建模；根据三维实景扫描成果录入实景三维模型。

其中设计阶段的三维模型以人工建模为主，数据输入主要由建库人员收集厂区所有设计单位的建构筑物平立剖图纸和场地平整工程相关图纸，收集厂址所在范围的原始地形测绘资料，以及厂区所在位置周边更大范围的遥感影像数据等。

建构筑物的设计三维模型生产方式有两种：其一是根据收集的平立剖图纸，通过3ds Max等软件进行三维建模；其二是各专业其他格式的三维模型需要录入GIS平台，一般通过转换为GIS系统识别的数据格式录入数据库，如

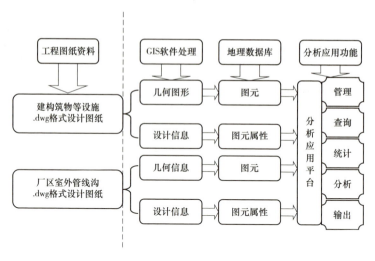

图 6-2　数据入库流程示意

SP3D 鹰图软件或者其他三维软件设计的三维模型，其中，厂区场地工程的图纸主要用来建立厂址红线以内的室外场地、边坡、挡墙、排放口等设施的三维模型。

原始地形测绘资料主要用来建立厂区边坡、挡墙等设施，邻近厂区原始地形的三维建模，本项目主要通过不规则三角网（TIN）形式对原始地形标高进行模拟。首先，委托测绘单位对厂区所在区域进行原始地形测绘，获取原始地形图，然后通过软件对等高线或高程点进行标高离散，建立不规则三角网，再导入 3ds Max 等软件建模，形成原始地形三维模型。

竣工模型的数据输入是倾斜摄影实景三维模型，一般会通过厂区倾斜摄影建模技术任务书，委托具有测绘资质的单位开展倾斜摄影三维建模，获取成果模型（一般必须有 .OSGB 和 .OBJ 格式文件，定位信息文件等）后开展质量审查，完成审查修改后，录入 GIS 数字化平台。

（3）在 GIS 应用平台中整合上述模型和数据，检查数据质量，排除问题。

本部分数据校验范围涉及全厂海量管线设施，工作环节涉及设计、施工、数据入库等，情况比较复杂，所以数据校验工作从总体上采用设计数据库与施工数据库相互校验的形式，另外要从数据生产的各个环节加强检验把关。

（4）组织数据库验收。经过平时不断的沟通和修改，最终组织业主对数据进行验收。

3. 项目最终交付和服务支持

（1）正式交付业主 GIS 应用平台和完整的数据库资料。目前项目的数字化交付是直接将数据通过移动介质交付入档，包括各种格式的数据和相关 Word 文档说明书资料。

（2）后续持续为业主提供平台和数据的更新维护服务。这是一个长期的过程，包括对业主操作人员的培训，指导软件如何操作，数据如何获取和更新，或者协助业主进行数据更新。

在按照上述流程开展工作时，有几个关键节点需要关注：

1）总平面布置图和各专业管线的二维图纸导入 GIS 应用平台（见图 6 - 3）。首先，厂区总平面布置图数据库建库时，主要采用地图集的形式来管理厂区总平面数据，采用工程项目同一坐标系，同一比例尺；利用 Auto CAD 对总平面图的进行入库预处理，总平面图的图层划分、总平面图的造区上色。

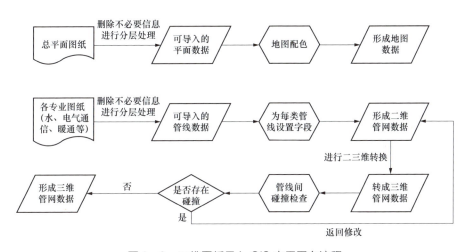

图 6 - 3 二维图纸导入 GIS 应用平台流程

其次，管线数据库建库时，利用 Auto CAD、Excel 等应用软件相结合，对原始数据进行检查、编辑、修改等处理。根据系统数据需求进行管线字段设计，并按照设计要求进行数据处理、属性提取、拓扑关系建立；形成二维管网数据后，进行二三维转换，形成三维管网数据。

2）其他格式三维模型导入 GIS 应用平台。每个专业都有适用于自身工作特点的三维设计软件，GIS 应用软件作为最终的数据整合汇总平台，需要将各专业的三维模型集成在一起管理。

SP3D（SmartPlant 3D）是一款广泛应用于工业设备和管道设计的三维设计软件，SP3D 软件作为一个集成化的、多专业参与的三维工厂建模软件，能够快速帮助各专业设计人员进行三维建模以及设计检查，大大提高了工作效率和设计质量。在化工及能源行业，SP3D 软件得到了广泛的应用并且已经有了无数成功的案例。

厂区综合管廊主要使用 SP3D 软件三维建模，为数据交互顺利开展，我们开发了 GIS 平台和 SP3D 三维管廊模型的数据接口，完成两个软件间的数据交互，提高了 SP3D 三维模型的数据利用率并减少了设计人员的工作量。

图 6-4 就是集成 SP3D 三维管廊模型后的效果。

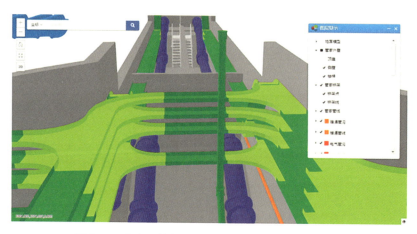

图 6-4　GIS 系统与 SP3D 三维管廊模型的数据集成

三、　工作成果

项目的最终成果如下：

（1）厂区室外综合管网信息化平台软件 1 套。确定 GIS 应用平台软件可以在不同环境下完成软件功能测试，尤其保证可以在业主的网络环境和硬件条件下流畅运行，完成应用平台成果交付。

（2）二维数据库 1 套。包括两方面，一个是厂区建构筑物设施数据库，另一个是厂区室外管线数据库。二维数据库是 GIS 平台的核心部分，也是数据建库的难点，数据的正确性、完整性和整体架构都在二维数据库中完成，后续三维部分只是对这部分数据不同形式的展示。

（3）三维数据库 1 套。包括两方面，其中厂区建构筑物设施的设计三维模型主要采用 3ds Max 软件，按照效果图制作的流程得到全厂的三维模型，然后通过数据格式转换，录入 GIS 软件；厂区完全建造完成后，主要以倾斜摄影的方式为厂区已建的建构筑物环境扫描实景三维模型，真实还原厂区室外环境；厂区室外管线设施的三维建模主要依赖 GIS 软件自带的三维建模功能，整体效果不错，只是在管点位置还需要加强标准模型族库的建设。

（4）项目管理文件：出版数字化项目相关的文件，包括以下文件。

1）《需求分析说明书》，主要描述相关功能需求，以及对技术、接口、数据管理、质量、文档、验收等要求。

2）《详细设计说明书》，主要对软件的总体架构，具体能够实现的详细功能进行描述，还包括软件界面设计、文档接口等内容。

3）《概要设计说明书》，主要总体性描述软件架构、交互接口、数据结构设计，以及运行出错处理设计和安全保密、维护等内容。

4）《质量计划》，主要描述项目管理机构、目标以及项目的沟通机制和质量控制，变更管理等内容。

5）《实施计划》，主要描述项目具体实施步骤和计划安排。

6）《测试方案报告》，主要描述软件测试的方案和具体测试内容。

7）《培训材料》，主要描述培训的具体安排，包括培训计划、培训内容、培训效果等。

8）《用户使用手册》，主要描述软件的操作指导，配合图文对每个功能命令做出详细的介绍。

四、 项目管理总结

本项目在实施过程中得到业主充分的认可，并希望能够将平台深入运用到电厂的施工、运维等环节，充分发挥数字化平台对现场工作的指导作用。但是在实际推进过程中，遇到很多困难，比较典型的如使用人员电脑配置低，无法流畅操作平台，如管线数据不全等。

（1）电脑硬件条件差。一般使用人员的笔记本或者台式机都是按照处理文档工作的标准配置的，但是 GIS 软件的硬件运行环境需要按照大型游戏电脑的配置（高性能的 CPU、GPU、显卡，更大的内存，这些要求在第五章第一节已做详细描述），这种反差导致打开和操作数据库都会很慢，尤其在运行三维场景时体现更明显，这些都降低了使用人员的积极性，使得 GIS 平台在项目中无法达到预期的效果，因为只有业主使用了才能不断对平台和数据提出更多实际的反馈意见。

（2）GIS 管网数据完整性和准确性有待加强。这个问题是国内 GIS 应用的通病，究其原因主要是数据获取途径和手段有局限。设计数据库不仅要录入总包设计院的图纸，同时还要录入 5-6 个分包设计单位的图纸，每个设计院设计习惯，提供资料的详细程度均不同，给设计数据库完整性造成影响；到了竣工环节主要通过探测手段获取地下已有管线资料，但是现有的物探手段很有局限，金属管线和带有出地面井阀的管线容易探测，但是当遇到小塑料管道，地面又无明显特征物，探测单位就无法通过仪器探得数据，只能通过竣工图纸和施工单位或管理人员现场指导等方式来收集数据，往往存在数据位置偏差。

（3）质量控制环节需要制度化和规范化。由于 GIS 工程数字化项目涉及数据类型多，业务类型多，需要设计院，施工单位，管线探测单位、倾斜摄影数据生产单位等多部门相互配合，这样项目管理团队就需要对来自各个渠道的数据或者模型进行质量把控，虽然可以参照相关行业标准验收成果，如《城市三维建模技术规程》《城市地下管线探测技术规程》《倾斜摄影成果质量检验技术规程》等等，但是目前还没有符合核电行业特点的数据验收和质量控制规范，需要在项目实践中逐步完善。

（4）建构筑物模型精细度不够。现有项目的建构筑物三维模型都是使用 3ds Max 软件，依据建筑图纸制作的，受各种条件限制，建构筑物的三维模型仅能做到看着比较准，而无法做到与设计图纸完全一致。实际项目中业主则更关注厂区室外管线的数据，对厂区的室外建构筑物三维模型是否精细不是很关心，主要原因就是室外管线的运维工作与 GIS 平台关系更密切，而厂区室外的三维环境仅仅是为了营造厂区大环境，衬托室外管线，使大家容易理解管线的空间方位。但是随着平台的深入使用，可能会更多关注管线与建构筑物的空间关系，管线接口与建构筑物的衔接，新增建构筑物对已有管线的影响等内容，所以需要更进一步提升三维模型的精细度。

（5）总体上数据重视程度不够。这里强调下数据的重要性，项目数据库工作量很大，持续时间长，需要重点关注。厂区室外综合管网信息化平台的交付验收只是本项目第一步工作，数据库分为设计数据库和竣工数据库两部分建设，从设计阶段开始，中间经历施工现场反馈修改，直到竣工验收后管线探测，为数据工作带来巨大压力，经历海量数据梳理入库，数据发布和更新等工作花费了项目团队大量的时间和精力，后期伴随着业主在日常工作中的反馈，还会有大量的数据服务支持。

横向对比现有核电行业的核电站 GIS 平台，实际情况是大多应用效果不理想，其本质原因在于不注重数据的准确性、完整性，缺乏长期数据更新维护理念。

（6）对施工环节支持不够。施工建造是核电站建设的重要环节，施工单位为了提升数字化水平，促进数字化转型，也在开展数字化相关的探索，比较常见的如智慧工地项目。

智慧工地是建立在高度信息化基础上的一种支持对人和物全面感知、施工技术全面智能化、工作互通互联、信息协同共享、决策科学分析、风险智慧预控的建筑施工项目的实施模式。智慧工地建设覆盖工地现场人、机、料、法、环、测、质量、安全、施工等方面，以 5G、AI、BIM、边缘计算等技术为基础，实现集感知、分析、服务、应用、监管"五位一体"的工地管理新型模式。

智慧工地应用平台主要围绕施工总平面布置建立三维可视化施工现场环境，包括临建设施与临时场地的 BIM 模型，并以此为基础完善施工逻辑、优化施工方案、检查塔吊运行轨迹等，支持现场的施工设施部署工作；通过安装摄像头建立视频监控系统，结合人脸识别技术用于考勤、出入、定位等人员管理工作；通过移动端记录现场安全隐患，并上传系统各平台；通过传感器监测高边坡、深基坑的沉降和位移，提升安全性，还可以监测现场扬尘、噪声等环境参数，降低施工对环境影响。

厂区室外综合管网信息化系统与现场智慧工地系统有关联，又有区别。其关联性主要体现在设计阶段的数据和模型可以流转至施工阶段，供智慧工地作为基础性数据开展数字化相关工作。同时，厂区室外综合管网信息化系统也需要积累施工阶段的相关数据，包括记录施工过程数据、完善施工临时管线数据，总的目标是完善厂区室外综合管网信息化系统的数据库，最终交付业主一个完整的项目数据库。其区别在于两个平台的目标不同，厂区室外综合管网信息化系统主要服务业主运维阶段，而智慧工地主要服务现场施工阶段，保证施工顺利、安全、高效地完成。

综上所述，目前厂区室外综合管网信息化系统对施工环节的支持和联系还不够，需要在后续核电工程中加强联系和互动，相互完善。

第二节　第二阶段：数据精细度提升

工程项目数据是企业的数字化无形资产，我们要重视底层数据的生产制造（对应新建电厂）、梳理清洗（对应已有电厂）、数据格式转换、数据更新维护和数据价值挖掘等工作。软件平台市场上有很多，而电站的数据却是独此一份，后续工作中要关注项目数据的著作权、保密性等问题。

数据是 GIS 数字化项目的基础和核心，没有完整、准确、干净的数据，所有业务相关的管理和分析都是空中楼阁。在 GIS 的项目里往往最耗时间和精力的就是数据的收集和清理，数据的收集往往不是一个人可以完成的，需要一个团队的配合，很多 GISer 使用的数据还是"二手数据"，即已经存在的、由别的个人和组织已经收集的数据，需要花时间清洗出本项目需要的部分，所以需要建立以数据为核心的技术能力，并在项目中不断提升。

经历了第一阶段数字化项目的洗礼（其实是无尽的焦虑和纠结），我们取得了一定成绩，也发现了很多问题，在后续几个数字化项目中重点针对存在的数据问题进行优化调整和整体提升。主要围绕数据库的完善、数据质量提升和建构筑物三维模型精细化建模等方面开展工作。

一、 数据库完善

数据的重要性毋庸置疑，但是如何提升数据生产的效率和及时性，数据成果的准确和完整性，我们主要从两个方面完善提升，其一是如何保证工程设计图纸及时的，准确地转入 GIS 数据库，提升设计阶段管网数据对现场施工环节的支持；其二是如何提升厂区室外管网竣工探测数据的完整性和精确性。

（1）保证管线设计环节与 GIS 数据库的无缝衔接。经过各种软件调研，功能测试，在厂区室外管线的设计数据库建库环节，推广各专业使用一款集参数化和自动化设计于一体的管线设计软件，从软件平台角度入手，解决数据生产中效率低下的问题。新的软件平台一方面可以提升厂区室外管线的设计效率，设计质量，可以保证设计阶段高效率的反复修改，同时通过设计软件直接将 CAD 图纸转换为管网数据表格，使项目室外管线的设计过程就是生产数据过程，设计成果就是管网数据库。

这样可以将 GIS 数字化项目的数据生产质量与设计院的管线设计图纸质量关联在一起，使得 GIS 数据库质量整体得到了提升，在提交现场设计施工图作为施工依据的同时，还提交一份数据库，数据库的三维可视化和丰富的工程属性信息为施工单位提供给了很大的支持，使得施工单位在施工交底和处理现场物项碰撞避让时都可以更加直观和方便，最后，如果施工单位对设计图纸有修改，也会一一反映在升版的施工图纸，进而反映进 GIS 管网数据库，保持工程项目的管网数据库依据现场施工变更实时修改，最终交付业主一份反映真实情况的数据，如图 6-5 所示。

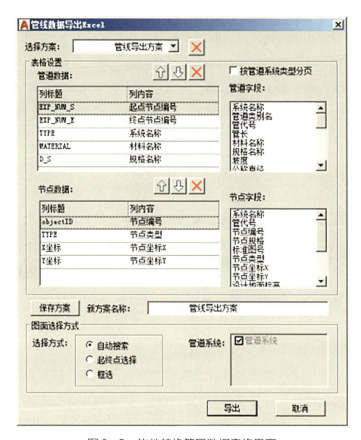

图 6-5　软件转换管网数据表格界面

（2）通过施工环节获取管网竣工数据。按照原有工作方式，已经完成施工的厂区室外管线设施，可以委托具有探测资质的单位开展管线探测，并形成厂区综合管网探测成果表，提交数字化项目组录入 GIS 数字化平台的施工数据库。但是在实际项目中业主反馈探测数据可能存在位置不准确等问题，由于管线已经埋设于地下，又无法验证真伪，这个问题是室外地下管线探测业务的专业局限性，需要通过其他形式手段解决。

所以，在后续新 GIS 数字化项目中，不再沿用以前的探测工作模式，而是针对现场正在施工的厂区室外管线设施，当管线基槽开挖完成，管道敷设完毕，需要回填土压实之前，由现场施工单位随即测量获取需要的数据，采集管线成果信息，然后再按照要求回填并压实管线周边覆土，最终形成厂区综合管网探测成果表后，提交数字化项目组录入 GIS 数字化平台的施工数据库，具体格式和质量要求完全与原有工作模式一样，只是数据采集的时间点放在了管线敷设完成但是尚未覆土的时间段，如此可以避免物探的不确定性，提升管线位置精度和信息准确性。

总结上述两个工作模式的转变，数字化项目的设计数据库生产与核电项目设计人员融合，扩展了数字化设计的内涵，而施工数据库的生产与核电现场施工人员融合，为智慧工地建设提供了数据支持。同时这种转变也带来项目管理的困难，比如以前只要通过对外委托就可以解决管线探测的问题，现在要联系现场施工项目组织解决，平时可能阻力不大，当现场施工工期紧张时，是否能够保证数据的准确有效，需要加强沟通和管理力度，但是总体上促进了核电站设计和施工建造的数字化水平，属于积极的转变。

二、 数据质量提升

由于 GIS 数字化项目的数据来源广泛，针对不同环节不同类型数据需要提出不同的质量要求，主要分为 CAD 图纸类、Excel 表格类、BIM 三维模型、OSGB 实景三维模型等，以及可能的卫星遥感栅格数据、DEM 数据等，以下针对数据生产的不同环节提出质量把控的相关要求，详细如下。

1. 厂区综合管网设计数据库

按照工作开展步骤，分为两阶段进行检查：

（1）第一阶段，管线设计软件绘制 CAD 成果检查：本部分主要对各专业绘制的厂区管线设计图进行检查，主要检查项：

1）总平面底图复核：作为管线综合图的底图，总平面布置图相关信息要正确，采用最新的建构筑物布置图，场地室外地坪标高正确，道路平面和竖向布置正确。

2）管线种类复核：要求各专业管线种类齐全，不能缺少某个专业。

3）空间位置复核：要求路径位置正确，设计软件绘制成果与原设计图纸表示的管线平面位置一致，竖向标高一致。图纸坐标系统和高程系统统一，并与厂区室外管线综合设计图纸保持一致。

4）属性信息复核：原则上与厂区室外管线各专业设计图纸保持一致，具体包括管代号、管线名称、节点编号、管沟规格尺寸或管线管径、材质、敷设方式等设计信息，具体范围以厂区室外管线各专业设计图纸表达内容为准。

（2）第二阶段，GIS 设计数据库。利用管线设计软件的"管线数据导出至 Excel"功能导出表格，检查完善表格内容，确定无问题后导入 GIS 数字化平台，本部分主要适用于 GIS 平台中管网地理数据库的检查。

由于本阶段主要操作对象是待入库的管网表格和入库后的数据库，所以主要对过程中的管网表格的信息完整性，正确性进行检查，最终在 GIS 数字化平台中对 GIS 数据的质量进行检查，具体参照上一阶段，保证录入过程中不丢失，无错误，完整导入数据。

2. 厂区管网现场竣工（施工）数据库

本部分管线数据的获取是通过现场探测获取的，鉴于地下管线的隐蔽性，很难精细化对数据各项参数进行校验，常常针对厂区重要的管线，其中隐蔽管线采用现场实地开挖验证，其中较明显露出地表的管线采用现场复测验证。

总共分为两种情况，其一，如果已经出版管线探测技术任务书，委托具有探测资质的单位开展管线探测；其二，如果由现场施工单位在厂区管线施工的同时采集管线信息，则重点检查管线成果图、成果表。

具体按照以下要求验收：

（1）地下管线探测应依据任务书或者合同书、经批准的技术设计书、《城市地下管线探测技术规程》（CJJ 61—2017）以及有关技术标准进行成果验收，提交验收成果具体如下：

1）任务书或合同书、技术设计书。

2）所利用的已有成果资料、坐标和高程的起算数据文件以及仪器的检验、校准记录。

3）探查草图、管线点探查记录表（可电子版）、控制点和管线点的观测记录和计算资料、各种检查和开挖验证记录及各种审图记录。

（4）质量检查报告。

（5）管线成果图、成果表及数据文件、数据库。

（6）地下管线探测总结报告。

（2）总体上采取抽查的方式，在厂区管线密集区域、保护区和控制区以内等重要区域抽取每个专业一定数量的管线进行复测，复测要采用同精度或高精度的方法，数据成果检验宜采用检查软件进行，管线图检查应采用图面检查与实地对照检查相结合的方式。

（3）验收成果要符合以下要求。

（1）提交的成果资料齐全，符合项目要求。

（2）完成合同要求的各项任务，成果质量检验合格。

（3）各项记录和计算资料完整、清晰、正确。

（4）采用的技术方法与技术措施符合标准规范要求。

（5）成果精度指标达到技术标准、规范等要求。

（6）总结报告内容齐全，能反映工程的全貌，结论明确，建议合理可行。

（4）重点关注管线成果图和成果表的内容验收，关注管线的连接关系、走向、精度检查、属性检查等。

3. 厂区建构筑物设计三维模型

（1）完整性要求。核电站厂区布置三维模型应包括厂区布置所有建构筑物、道路广场等室外工程设施，不重复、不漏项。

（2）几何精度要求。核电站厂区布置三维模型的平面坐标值（X、Y）应与厂址所在区域的基础地形测绘资料和厂区总平面布置图保持一致。

模型的计量单位应统一为"米"，每个模型应为独立对象，同时在满足各级别模型细节层次要求的情况下，应尽量减少几何模型的面数，不应存在漏缝、共面和废点等情况。最后，对可重复利用的纹理和模型，宜建立纹理库和模型库。

（3）属性要求。三维模型属性信息应包含描述模型名称、子项代号、性质等基本属性信息，宜包含建筑耐火等级、火灾危险性等专题属性信息。

（4）现势性要求。核电站厂区布置三维模型要定期进行数据更新，保持数据的现势性。

4. 厂区建构筑物竣工实景模型

本部分适用于采用倾斜摄影方式，获取地理要素的几何、纹理信息，构建三维模型的情况，属于数字测绘成果，验收质量总体上要符合国家和企业相关规范，如《数字测绘成果质量检查与验收》（GB/T 18316—2008）、《倾斜摄影测量实景三维建模技术规程》（Q/430000DSZH001）等。

总结已有项目，我们提出了适用于核电厂自身工作特点的详细质量要求，具体详见第三章第二节实景三维技术相关内容。

三、 模型精细度的提升

从设计模型和实景竣工模型两个方面提升三维模型的精细程度，设计模型提升方式主要是软件工具的改进，实景竣工模型提升的方式主要是模型生产加工技术的进步。

（1）设计模型更精准。在国内的 GIS 数字化项目中，建构筑物的三维模型均采用 3ds Max 软件制作，但是每一款软件都有它的局限和特长，3ds Max 软件在建筑设计行业主要被用作制作建构筑物的三维效果图，随着 GIS 数字化项目对厂区三维模型要求的提高，3ds Max 软件逐渐不能满足项目模型精度的要求。比如在项目中，地下管线的覆土深度需要依据场地地形的三维模型来判断，我们在用 3ds Max 软件开展地形建模时高度位置总是不精准，导致管线会露出地表。

在后续数字化项目中我们摸索出了采用 SketchUp 软件开展厂区建构筑物的设计三维模型建模。SketchUp 软件的优点和建模步骤在第三章第一节已详细介绍，另外我们已经梳理总结了《厂区三维模型详细建模指导手册》和相关专利"一种基于 SketchUp 软件的核电厂厂区总平面布置方法"（专利申请号：202310897921.1）等成果。经过实际项目的验证，SketchUp 三维设计软件可以建立厂区建构筑物、道路、室外场地和起伏的原始地形，甚至地下地质岩层的模型，可以实现对厂区室外环境的精准建模，其模型几何精度和包含的属性信息量远超效果图三维模型，可用于后续 GIS 数字化项目，总体上提升了厂区三维模型的精准度。

（2）实景模型更精细。厂区竣工模型采用倾斜摄影实景三维模型，但是倾斜摄影模型缺点也十分明显，不光体量很大，还存在"一张皮"的现象，从图 6 - 6 可以看出建筑、道路、场地连成一体，难以支持地理实体的语义查询和分析，简单讲就是，只能看，没法用，因此，需要使用相关技术对模型处理，以提升分辨率精度，降低体量大小，增强模型操作交互性，以便对模型进一步语义化操作。

图 6 - 6　倾斜摄影三维实景模型"一张皮"的现象

为了提升模型质量，我们一方面要求现场作业提升扫描精度，分辨率从 5cm 提升到 2 ~ 3cm（分辨率越高，模型占用空间越大），另一方面要求模型要实现单体化和轻量化。单体化就是在倾斜摄影原始模型文件基础上分割出需要单独表达的建构筑物等设施，形成一栋栋独立的，可单独选择的建构筑物实景三维模型，方便对单体化后的建构筑物进行更加详细的描述；轻量化就是对大数据量倾斜摄影三维建模成果数据进行再次组织优化，从而满足三维可视化应用需求技术的总称，主要分为合并根节点技术和重新网格化（Remesh）技术。轻量化技术一方面对倾斜摄影模型建模成果进行合并和三角面优化，另一方面通过顶点压缩、纹理压缩技术使得倾斜摄影模型的文件大小压缩为原来的30%左右，从而大幅减轻了软件的加载压力，使得模型浏览更加顺畅。

第三节　第三阶段：项目模式多元化

随着各行各业数字化转型的思考和实践，数字化理念越来越深入人心，核电业主也越来越关注数据的积累和梳理，有的业主就选择先梳理数据，然后再选择合适平台管理数据，这一现象可能与各个集团对地理信息类软件统一管控有关，也可能和现在国产化的大趋势相关，不管出于什么原因，数字化项目的开展方式逐渐更加自由和多样化，一种针对已建核电站项目，基于厂区数据服务的模式正在行业内推广开。

一、　基于数据源的服务模式

基于数据源的服务模式主要指总图专业在已建核电站技术服务过程中，从厂区建构筑物、道路、管线等室外工程的工程数据入手，进行各种图纸和资料梳理，将需要的室外工程数据建立关系数据库，以 Excel 表格形式存储，将已建的厂区建构筑物等设施扫描倾斜摄影实景三维模型，并建立关系数据库和三维模型的映射关系，方便业主进行查询和统计，辅助管理运维决策，同时作为企业数字化资产存档备用，下面以实际项目案例介绍这种模式。

（1）项目规模。项目占地约 $4km^2$，厂区建构筑物子项约 618 个，其中建筑物 500 多个，构筑物 100 多个，需要统计的建构筑物指标项约 1.5 万项，用地指标项约 200 项。

（2）项目内容。项目需要收集整理的内容包括厂区所有建构筑物子项的工程信息（具体可参见第四章第二节运维数据库介绍），厂区各类用地数据，包括总用地、功能区用地、道路用地、绿化用地等，以及管理区、控制区、保护区等用地，同时计算厂区总体技术经济指标，对厂区用地经济性进行评估。最后，获取最新现势性的全厂区范围倾斜摄影实景三维模型，并对模型做单体化和轻量化等处理。

（3）技术质量要求。一般要求数据准确翔实，尽量不缺项，建立定期检查制度。为了方便核查数据是否准确，要求所有指标项注明来源，如源自哪张图纸，要标明图纸号、名称和版本，并建立专项文件夹存放相关图纸和文件。图6-7所示为指标梳理来源示例。

序号	电厂	子项代号	子项名称	总建筑面积	建筑高度	指标来源依据
1	XXX	XX	XXXXXX	XXX	XXX	1. 建竣 厂房建筑竣工图（H列、N列、O列、Q列） 2. 建竣 建筑施工图总说明及组合立面图（V列） 3. 结竣 厂房配筋图（F列） 4. 总竣 总说明书（S列、T列、U列）
2	XXX	XXX	XXXXXX			

图6-7　指标梳理来源示例

（4）工作难点。工作难点主要是各种图纸和资料的梳理。核电站建成运营几十年时间，从厂址选择到场地平整，从施工图设计到建成运行，期间积累了海量图纸和文件，从中搜索需要的工程数据项是很花费时间和精力的，一般需要安排非常熟悉企业文档系统，且对各个专业都了解的人员才能提升数据收集的效率。

另外，考虑到工程图纸的缺失（需要现场踏勘，获取数据）、英文图纸的翻译、不同单位图纸的差异（坐标系等）等情况，数据的梳理会更加困难。

（5）项目总结。本项目的工作是国内核电行业第一次开展，算是摸着石头过河，中间遇到很多挫折，有时感觉项目已经无法推进，但是在单位领导同事和核电站业主的大力支持下，我们不断克服各种困难推进，下面总结一下项目管理的心得。

1）后续发展。随着本项目对厂区建构筑物工程信息的梳理，后续可能会逐渐加入厂区室外管线部分的数据梳理。已建核电站的厂区室外管线数据经过常年施工建设积累，数量上会比建构筑物设施更多，按照本项目规模预计，厂区室外管线及管线沿线的管点相关数据，可能会达到 10 万项数据。这些数据的梳理、整合需要结合已有的竣工资料、现场管线物探、现场踏勘核实等多种手段综合确定并获取，然后通过软件使这些离散的数据结构化、可视化，并具有关联性，以特定的方式组织到一起成为有用的信息，供业主使用。

相比新建核电站，目前国内已建核电站居多，随着核电站运维工作的数字化转型，这个项目的工作模式可能会是以后数字化项目的主要方向。感触比较深刻的是，我们承接了国内很多核电站的技术服务工作，凡是和厂区室外环境打交道的改造项目，无一例外地对室外管线数据信息提出要求。比如在南方某电站改造管廊时，需要在室外布置一个阀组间，当时总图专业要求提供最详细的厂区室外管线综合竣工图，以此为基础开展管线物项碰撞检查，从竣工图上检查，阀组间避开了所有管线，但是现场按照图纸施工开挖时发现阀组间和地下管线碰撞，需要移动位置，究其原因主要是电厂提供的设计输入竣工图不够完整。这个问题要解决需要从核电站现场施工第一根管线就开始严格管控管线竣工图纸，保证竣工图完整、详细、规范，但是一般核电站很难做到这一点，所以至少目前的已建核电站需要通过厂区室外建构筑物和管线设施数据的梳理、汇总、核实，建立起最大限度接近电厂实际情况的数据库。

2）项目意义。关于梳理这些数据的意义，我们打个比方，一个企业的人力管理系统里面登记了所有员工的数据，这份数据平时仅仅作为数据存在，看似没有价值，但是如果使用这份数据来训练一个模型，使用这个模型预测员工的上升空间，那这份数据就产生了额外的价值。将这些数据妥善地存储和管理起来，随着时间的积累，可发掘的价值会越来越大。

企业的数字化转型不是空中楼阁，需要方方面面数据的支撑，而核电厂区工程相关数据就是企业数字化基础设施建设的一部分。通过数字化项目数据的积累，形成企业数字化资产库，可以方便业主对厂区建构筑物的数字化虚拟管理，提升企业数字化管理水平。

二、 对工作模式的看法

在现有的数字化工作模式下，多数的行业或企业都希望一次规划到位，对企业整体的数字化发展，包括数字化软件平台和工作模式进行总体规划，然后分专业和功能逐个板块实施，最终让各个环节都实现数字化，这个思路的优点是可以考虑更全面，具有很强的方向性，对企业的主要业务板块和主要专业支持力度大，但是可能兼顾不到一些专业的个性化需求，毕竟每个技术线路、每个软件平台体系都不可能覆盖所有专业的所有设计分析需要，这个模式还有个缺点是太依赖软件平台，如果平台所在公司经营不善，放弃对平台的开发维护，这个模式就受到制约。

数字化的发展方兴未艾，数字化软件市场竞争很激烈，最终谁能扛起数字化这杆大旗，目前说不清楚，各家各有特长与短板，有的软件商希望可以覆盖数字化工作各个领域和专业，比如 Revit，但是在更大地理范围就捉襟见肘，有的软件商专注只做建筑设计，同时关注数据格式兼容，通过 OpenBIM 的理念兼容其他专业各种格式数据，如 ArchiCAD，所以数字化平台的选择可以更加多元和灵活，让各个专业自行根据市场的情况，选择适合自身的专业数字化软件平台。

总图专业更适合选择 GIS 系列软件开展专业的数字化工作，但是不要太依赖软件，应该重点放在培养数据相关能力，包括各类 BIM 数据格式转换，包括各类 GIS 数据转换，常见数据转换软件如 FME 等。

当年从画图板到 CAD 的转换只是变化了工具，但是从 CAD 设计转换到数字化设计，不仅变化了工具，图纸从平面变立体，而且整个思维方式也要转换，我们生产的不仅是图纸，而且是数据，不仅要满足现场施工建造要求，还要将这些数据组织起来形成为无形资产，发挥数据更大作用。所以，要让数字化的萌芽在各专业现有的工作流程里慢慢去渗透，发芽和成长，让数字化和我们日常的工作结合到一起，让数字化的思维方式逐渐渗透到工作的各个方面，自下而上的自然生长。

后 记

却顾所来径，苍苍横翠微。

从科研课题到专业技术能力建设，从行业调研到最后数字化项目落地，经历很多困难，但还是坚持了下来，其间学习收获很多，最后用从 BIMBOX 听到的小故事结束本书。

1970 年，赞比亚修女玛丽·尤肯达给 NASA 太空航行中心的科学副总监厄尔斯特·斯图林格博士写了一封信，善良的修女无法理解，地球上还有很多孩子需要忍受饥饿煎熬，为什么还要耗费数十亿美元尝试把人送到宇宙里去？

博士的回信大意如下：

我要向你以及和你一样的勇敢修女们表达深深的敬意，你们将毕生精力献身于帮助所有需要帮助的人。我想给你讲一个真实的故事：

400 年前一个德国小镇上有一位仁慈的伯爵，他把自己的大部分收入都用来救济穷苦的百姓。后来有一天，人们发现伯爵把很多钱花在一个奇怪的男人身上，那个男人每天待在家里摆弄着玻璃和镜片，而后将镜片安装到镜筒上，利用这种装置观察非常微小的物体。人们认为这个怪人是在研究一些没用的东西，伯爵在他身上浪费了太多钱，都感到很愤怒。伯爵说，我会继续救济你们，但也会留下一部分资金来支持他。后来的事实证明伯爵是对的，这个怪人最后研制出我们现在熟知的显微镜。它的问世帮助人类消除世界上大部分地区的瘟疫以及其他很多种接触性传染病。

与此类似，现在国家的预算很多花在医疗、教育和福利上，也有一小部分划拨给太空计划，而你的来信中提到的援助资金，是在另外的预算中，你如果问我，我个人是否赞同政府采取更多的援助措施，我的答案无疑是"赞同"。

不过，我们不会为了实施这样的援助项目而停止火星探索计划。我和我的很多同伴仍然坚信前往月球、火星以及其他行星，是一种在当下值得进行的冒险，我甚至认为这项探索计划与其他很多援助计划相比，能够在更大程度上帮助解决我们面临的各种严峻问题。比如，改进粮食生产的最理想工具就是人造地球卫星。它能够在很短的时间内对面积巨大的陆地区域进行研究，观测大量土壤、降雨情况的因素，再将数据传给地面站。即使一颗最为简单的地球卫星也能带来数十亿美元的粮食产出。这还只是发展航天技术最直接的结果，实际上实施太空计划过程中，我们掌握的新知识同样也可用于研发在地球上使用的技术。

太空探索计划每年孕育出大约1000项技术革新，这些技术随后进入民用领域，帮助我们研制出性能更卓越的农场设备、无线电设备、通信设备、医疗设备以及其他日常生活用品。这就像是一个催化剂，催化出连锁反应。

如果我们希望提高人类的生活质量，我们就需要研发各种新技术，也需要更多年轻人把科学研究当作毕生的事业，而这些新技术刚开始一定是为了某个更崇高的目标存在的。

回信的大意如此，我常常用这个故事来鼓励自己对数字化的坚持，因为热爱，所以不会感到累。总有人抱怨手头工作太忙，一堆处理不完的工作，没有时间搞数字化，但是，在有人专注应对当前工作的同时，也需要有人能够着眼于更远的未来。世界不会、也不应该等待所有人解决了眼前的问题后，再一起走向下一步。

Fake it and make it!

参考文献

［1］武一琦，杜建军，丛训章. 核电厂厂址选择与总图运输设计［M］. 北京：中国电力出版社，2024.

［2］贾祥，曹飞，孙中平，等. 遥感技术在核电安全监管现代化中的应用与思考［J］. 环境与可持续发展，2015，40（5）：47－49.

［3］孙彬，栾兵，刘雄，等. BIM 大爆炸：认知＋思维＋实践［M］. 北京：机械工业出版社，2018.

［4］武卫平，李震，左精力，等. AutoCAD Civil 3D 2018 场地设计实例教程［M］. 北京：机械工业出版社，2018.

［5］何关培，王轶群，应宇垦. BIM 总论［M］. 北京：中国建筑工业出版社，2011.

［6］付鹏，巨文飞，陈雨琴，等. 一种基于 SketchUp 软件的核电厂厂区总平面布置方法及系统［P］. 中国专利：202310897921.1，2023.09.19.

［7］陈健. 追梦：工程数字化技术研究及推广应用的实践与思考［M］. 北京：中国水利水电出版社，2016.

［8］中国测绘学会智慧城市工作委员会. 实景三维应用与发展：全 3 册［M］. 北京：中国电力出版社，2023.

［9］李响，费腾，王丽娜. 大话 GIS［M］. 北京：测绘出版社，2023.

［10］付鹏，王明. GIS 技术在核电厂区布置中的应用探索［J］. 建筑工程技术与设计，2020（26）.

［11］（美）隆里（Longley. P. A），等. 地理信息系统与科学［M］. 张

晶，等译．北京：机械工业出版社，2007.

［12］汤国安，杨昕．ArcGIS 地理信息系统空间分析实验教程［M］.2 版．北京：科学出版社，2012.

［13］邬伦，刘瑜，张晶，等．地理信息系统 – 原理、方法和应用［M］.北京：科学出版社，2001.

［14］（美）张康聪（Chang，K. T.）．地理信息系统导论［M］.陈健飞，连莲，译.7 版．北京：电子工业出版社，2014.

［15］吴信才，吴亮，万波，等.MapGIS 地理信息系统［M］.3 版．北京：电子工业出版社，2017.

［16］王子启．二三维互动的厂区总图信息管理系统的设计与实现［J］.城市勘测，2010（增刊）（2）：236 – 239.